用面包机做出花样面包

崔文馨 编著

浙江科学技术出版社

图书在版编目（CIP）数据

用面包机做出花样面包 / 崔文馨著 . —杭州 : 浙江科学技术出版社 , 2017.6
ISBN 978-7-5341-7514-5

Ⅰ. ①用… Ⅱ. ①崔… Ⅲ. ①面包—制作 Ⅳ . ① TS213.2

中国版本图书馆 CIP 数据核字 (2017) 第 061115 号

书　　名	用面包机做出花样面包
编　　著	崔文馨
出版发行	**浙江科学技术出版社** 杭州市体育场路347号　　邮政编码：310006 办公室电话：0571-85176593 销售部电话：0571-85062597　0571-85058048 E-mail：zkpress@zkpress.com
排　　版	广东炎焯文化发展有限公司
印　　刷	杭州锦绣彩印有限公司
经　　销	全国各地新华书店

开　　本	787×1092　1/16	印　张	9
字　　数	100 000		
版　　次	2017年6月第1版	印　次	2017年6月第1次印刷
书　　号	ISBN 978-7-5341-7514-5	定　价	36.00元

责任编辑　王巧玲　仝　林　　**责任美编**　金　晖
责任校对　卢晓梅　　**责任印务**　田　文

前　言 Preface

面包机是制作面包的必备工具，随着技术的进步，面包机的功能不断完善，现在的面包机具备先进的智能菜单，一键即可完成从和面、发酵到成品面包的整个制作过程。

本书按照面包的品种分类，详细为您介绍软式面包、硬式面包、吐司面包、挞派酥饼的做法，并将每种面包的烘焙温度和烘烤时间单独列出，让您掌握其中的制作要点。此外，本书还为您详细介绍了家用面包机的选购、使用注意事项等基本常识，是一本实用性很强的食谱。希望本书能将制作面包的乐趣带给每一位读者，为大家的生活增添更多的欢乐。

Contents
目录

Chapter1 知识小讲堂

如何选择面包机 2
面包机使用注意事项和保养 3
面包制作的基本原料 4
面包制作的基本工具 5

Chapter2 软式面包

燕麦鸡尾包 8
香酥沙拉包 9
什果包 10
奶酪肉松包 11
火腿肉松包 12
香橙椰子包 13
椰香包 14
苹果包 15
柠檬椰蓉包 16
蓝莓椰蓉包 17
香酥蓝莓乳酪面包 18
绿茶红豆面包 19
黄金条面包 20
意大利玉米包 21
布丁面包 23
椰子球面包 24
巧克力面包 25
香酥芥辣沙拉面包 26
香葱肉松面包 29
海鲜调理包 30
香菜芝士包 31
果仁肉松面包 32
豆沙卷 34
叉烧包 35
香芋面包卷 37
肠仔包 38
东京薯泥 39
北欧面包 40
风味麦香包 43
风味水果包 44
椰丝条 45
芝士火腿卷 46
纯肉松包 48
甜甜圈包 49

火腿肉松 50

椰汁餐包 51

Chapter3 硬式面包

康芝法包 54

乡野法包 55

蚂蚁面包 56

瓜子面包 57

腰果仁面包 58

燕麦瓜子包 59

开心果仁面包 61

杂粮燕麦面包 62

香橙面包 63

乳酪面包 64

黑麦面包 65

香芋可松包 66

咖啡提子包 67

咖喱鸡肉面包 68

啡味核桃香包 70

啡香核桃条 71

芝士香菇包 72

芝士排包 73

燕麦法包 75

芝麻法包 76

地中海面包 77

短法包 78

燕麦核桃小法包 79

燕麦小餐包 80

蒜香法式面包 82

胡萝卜餐包 83

芥菜餐包 84
黑麦杂粮面包 85
咖啡餐包 86
QQ小馒头 87
菲律宾面包 88
奶酥面包 90
奶油燕麦法包 91
招牌面包 92
红豆相思 93
提子奶酥 95
葡萄小枕 96
丹麦果香 97
丹麦牛角包 98
香菇六婆 101
芋泥香包 102
杂粮餐包 103
香甜小餐包 104
金牛角 105

Chapter4 吐司面包

香辣牛肉吐司 108
香芋吐司 109
燕麦吉士吐司 110
牛奶白吐司 111
双色吐司 112
小米吐司 113
菠萝吐司 114
黑芝麻营养吐司 116
金砖吐司 117
红豆吐司 118
牛奶土司 119
椰皇吐司 121
提子方包 122
全麦方包 123

Chapter5 挞派酥饼

比利时奶挞 126
杏仁鲜奶挞 127
椰挞 128
可可蛋挞 131
日式杏仁挞 132
柠檬派 133
巧克力香蕉派 134
苹果派 135
核桃酥 136

Chapter 1

知识小讲堂

如何选择面包机

随着人们对生活品质的要求越来越高，无烟、健康的饮食方式被越来越多的家庭所接受，很多家庭“煮妇”都想买一款家用面包机，亲手为自己与爱的人制作一份营养美味的早餐。那么，家用面包机该如何挑选？应该注意哪些事项？

选购面包机时，应根据自己的需求挑选，可以从搅拌结构、形状和外形材质三方面考虑外形，同时家庭人数的多少也是选购的重要标准。

挑选搅拌结构

搅拌结构决定面包的发酵类型。当前市面上，面包机的搅拌结构分为单搅拌和双搅拌两种，二者各有优缺点，单搅拌结构的面包机易于清洗，但是搅拌力度不大，和面容易留下死角；双搅拌结构则相反，可以保证搅拌没有死角而且搅拌力度大，但是清洗比较麻烦。

挑选形状

面包机的形状是挑选面包机的重要考虑因素。面包桶基本上可分为长方形和正方形两种，桶的形状决定了制作面包的形状。其中，长方形面包机的容量大，适合人口较多的家庭，但是长方形的面包机提取面包不方便；正方形面包机比较轻便，便于提取，适合人口少的家庭，是单身人士的不二之选。

挑选外形材质

材质决定了面包机的档次和使用寿命，在满足基本的功能要求后，可以选择自己喜欢的外形材质。面包机的材质主要有塑料外壳与全金属机身外壳。塑料外壳机身很轻，便于提放，而且外观柔和可爱，但是容易老化，磕磕碰碰后容易受损；全金属机身外壳颜色比较古板、单调，但是很耐用。

面包机使用注意事项和保养

注意事项

1. 使用面包机前，需仔细阅读说明书。

2. 面包机一般使用三线电源插座，应有接地线，并严禁将零线和地线接在一起。

3. 面包机在暂停使用或清洁、安装附件时，必须拔掉电源插头。

4. 面包机不可放置于户外潮湿的地方使用。

5. 严禁将面包机放在靠近热水器、电炉、电磁炉等电热源的地方。

6. 面包机四周应保留足够的空间，需与周边物体保持 11 厘米以上的距离。

7. 面包机通电后，严禁用带金属丝的刷子擦拭或清洗，以防触电。

8. 面包机启用后不要打开盖子、触摸表面，仅可使用控制面板上的按钮，否则可能引发危险。

9. 面包机是加热器具，加热后纸或塑料等材料会有自燃的可能，务必小心使用。

面包机保养

1. 初次使用面包机时，要抹色拉油干烧面包桶轴和搅拌刀。用小勺子滴油进去，然后安装好搅拌刀，按烘烤键烘烤 10 分钟，然后退出程序，拔掉电源，打开盖子冷却，再把面包桶洗净后使用。此举可去除发热管和面包桶的异味。

2. 面包机揉面完成、做好面包后若需中断程序，先按“启动 / 停止”键，2 秒钟后关闭电源。

3. 做好面包后，有时搅拌刀会被面粉粘住，不及时取出清洗会对机器和桶造成很大的损坏。正确的使用方法是：每次使用完后，把面包桶和搅拌刀取出，清洗干净。若搅拌刀粘在桶轴上难以取下，就用温水泡 20 分钟左右再取出来，用温水洗净后，在面包桶轴上抹一点油，防止桶轴和孔之间被水腐蚀。而每次使用前抹一次油，让油顺着桶轴流下，既能加强桶轴的润滑度还能延长桶和搅拌刀的使用寿命。

4. 要想延长面包机的使用寿命，就要在平时做好保养，如长期不用的时候偶尔拿出来通电，让机子干烧一下（3 个月 2 次），并打开盖子透气。

面包制作的基本原料

高筋面粉：面粉根据蛋白质含量不同，分为低筋面粉、中筋面粉和高筋面粉。制作面包的专用面粉为高筋面粉，其蛋白质和面筋含量最高，在10%以上。

水：水是制作面包的基本材料，能促成面筋形成。水溶解盐、糖、酵母等干性辅料，能帮助酵母生长繁殖，能促进酶对蛋白质和淀粉的水解，控制面团的软硬度和温度。

鸡蛋：鸡蛋能提高面包的蓬松度，使面包疏松多孔，具有弹性，形态饱满。一般甜面包的用蛋量在8%～16%。烘烤时，在面团上刷上一层鸡蛋液，能使成品呈现诱人的棕黄色。

糖：在面包中加入适量的糖，不仅能使面包口味更佳，还能增加面包的弹性，保持柔软。糖还有助于酵母菌的繁殖。制作含糖量高的面包需要二次发酵，增加酵母用量或使用耐高糖酵母。

酵母：酵母即酵母菌，是一种单细胞微生物，面团的醒发主要就是靠它起作用。在有氧气的环境中，酵母菌将葡萄糖转化为水和二氧化碳，使面团膨胀。酵母可以增加面包的营养价值，因为酵母本身含有大量的蛋白质和一定的膳食纤维。

盐：面包中盐的添加量一般占面粉总量的1%～2.2%，最多不宜超过3%。添加盐可以使面包产生微弱的咸味，在与糖的共同作用下，增加面包的风味。另外，盐可以调节发酵时间，增加面包的渗透压力，还能改变面筋的物理性质，使面包质地更密且更富有弹性。

油脂：油脂的种类较多，大多选用固态油脂，如猪油、黄油等，也有部分面包选用液体油，如植物油、色拉油等。油脂具有乳化性，可以抑制面团中出现大的气泡，使面包内部气泡细密，分布均匀，改善品质；还可以使面包产生特殊香味，提升口感。油脂的润滑作用，有利于面筋膨胀，增加延伸性，扩大体积。

牛奶：添加牛奶或奶粉可增加面包的营养价值，提升口味。也可用牛奶代替水，这样不仅带来浓浓的奶香味，还能使面团润滑，防止面团收缩，保持面团外形完整。

面包制作的基本工具

打蛋器：无论是打发黄油、鸡蛋还是淡奶油，都需要用到打蛋器，电动、手持式或台式、普通打蛋器均可打蛋。但需要注意，电动打蛋器并不适用于所有场合，比如打发少量的黄油，或者不需要打发，只需要把鸡蛋、糖、油混合搅拌的时候，使用手动打蛋器会更加方便快捷。

筛网：用于过筛面粉。可使面粉不结块，并提高面粉的松软度，在搅拌过程中不易形成小疙瘩，确保面包口感细腻。

橡皮刀：多用于搅拌原料。大部分容器底部有角度，橡皮刀的刀面富有弹性，可轻易将原料刮出并搅拌均匀。

台秤：可以精确到克的弹簧秤或电子秤，可以保证面包基本原料的准确配比。

擀面杖：擀面杖是一种用来压制面条的工具，多为木制，用其擀压面饼，直至压薄。

刮板：分金属和塑料两种，金属的切割面团或刮净面板时很方便，塑料软刮板也可用于切割面团、移动面团或刮面糊，但因为太软，做其他西点时就不如硬的金属刮板好用了。

不锈钢盆、玻璃碗：打蛋用的不锈钢盆或大玻璃碗最好准备两个以上，还需要准备一些小碗来盛放各种原料。

吐司模：制作吐司的必备工具，家庭通常使用450克规格的吐司模。

挞模、派盘：制作派、挞类点心的必要工具，规格很多，可以根据需要购买。

量勺：用于精确称量较少的原料，通常一套4把，其规格为1/4茶匙（1克）、1/2茶匙（3克）、1茶匙（5克）和1汤匙（15克）。

毛刷：为了使面包上色漂亮，需要在烘烤之前使用毛刷在表层刷一层食用味液。

各种刀具：粗锯齿刀用来切吐司，细锯刀用来切蛋糕，中片刀可以用来分割面团，小抹刀用来涂馅料和果酱，水果刀用来处理各种作为烘焙原料的新鲜水果。

Chapter 2

软式面包

燕麦鸡尾包

时间：发酵 90 分钟，烘烤 15 分钟

原料

面团：白糖100克，鸡蛋50克，牛奶30毫升，水250毫升，奶粉15克，高筋面粉500克，酵母5克，改良剂3克，盐5克，蛋糕油4克，奶油50克

椰子馅：奶油32克，白糖30克，鸡蛋25克，奶粉40克，椰蓉45克，椰香粉1克

奶黄馅：水80毫升，即溶吉士粉32克，牛奶33毫升

其他：燕麦片适量

美味创作

面团制作：

1.将高筋面粉、奶粉、酵母、改良剂、白糖倒入面包机拌匀。

2.加水、牛奶、鸡蛋慢速搅拌均匀。

3.加奶油、蛋糕油、盐慢速拌匀。

4.将面团留在面包桶里，按下“启动”键醒发。

5.面团醒发完毕后（约70分钟左右）取出。

6.将面团分割成每个75克的小面剂备用。

椰子馅制作：

1.将奶油、白糖充分拌匀。

2.分次加鸡蛋充分拌匀。

3.加奶粉、椰蓉、椰香粉拌均匀。

奶黄馅制作：

将水、吉士粉、牛奶三种材料混合均匀。

面包制作：

1.将小面剂擀压排气。

2.包入椰子馅。

3.卷成形，粘上燕麦片。

4.放进面包桶醒发，约90分钟后取出。

5.装饰奶黄馅后，放入面包机，烘烤约15分钟，取出即可。

小贴士：面包机每次烘烤的量不能太多，可根据面包机的大小确定。

香酥沙拉包

时间：发酵 70 ~ 80 分钟，烘烤 13 分钟

原料

面团：白糖100克，鸡蛋50克，淡奶30毫升，水250毫升，奶粉20克，高筋面粉500克，酵母5克，改良剂3克，盐5克，蛋糕油4克，奶油50克

香酥粒：白糖 40 克，奶油 60 克，低筋面粉 120 克

沙拉酱：白糖20克，盐1克，味精1克，鸡蛋20克，色拉油120毫升，白醋4毫升，淡奶10毫升

美味创作

面团制作：

1.将高筋面粉、奶粉、酵母、改良剂、白糖倒入面包机拌匀。
2.加水、淡奶、鸡蛋慢速搅拌均匀。
3.加奶油、蛋糕油、盐慢速拌匀。
4.将面团留在面包桶里，按下“启动”键醒发。
5.面团醒发约70分钟，取出，将面团分成每个75克的小面剂备用。

香酥粒制作：

将白糖、奶油拌匀，加低筋面粉拌匀搓成粒状。

沙拉酱制作：

1.将白糖、盐、味精、鸡蛋充分拌匀。
2.慢慢加色拉油打发。
3.加入白醋拌匀。
4.加入淡奶拌匀。

面包制作：

1.将每个小面剂擀压排气。
2.卷起成形。
3.放入面包机中醒发，约80分钟，至原体积的3倍左右。
4.取出面剂，刷蛋黄液，挤沙拉酱，撒香酥粒，再放入面包桶中烘烤。
5.烘烤约13分钟，取出即可。

小贴士：擀面剂时将四个角向外擀，这样擀得更均匀。

什果包

时间：发酵约 90 分钟，烘烤 13 分钟

原料

面团：白糖100克，鸡蛋50克，淡奶30毫升，水250毫升，奶粉20克，高筋面粉500克，酵母5克，改良剂3克，盐5克，蛋糕油4克，奶油50克

什果馅：水200毫升，即溶吉士粉75克，什果丁165克

其他：芝士适量

美味创作

面团制作：

1.将高筋面粉、奶粉、酵母、改良剂、白糖倒入面包机拌匀。

2.加入水、淡奶、鸡蛋慢速搅拌均匀。

3.加入奶油、蛋糕油、盐慢速拌匀。

4.将面团留在面包桶里，按下“启动”键醒发。

5.面团醒发约70分钟，取出，分成每个60克的小面剂。

什果馅制作：

1.将水、即溶吉士粉拌均匀。

2.加入什果丁拌至均匀。

面包制作：

1.将小面剂擀压排气。

2.包入什果馅，滚圆，放入模具中。

3.放入面包桶醒发约90分钟，至原体积的3倍左右，

4.取出面剂，在其表面刷上鸡蛋液，放上芝士，放回面包机中，烘烤13分钟左右，取出即可。

小贴士：什果可随意搭配，切成小丁即可。

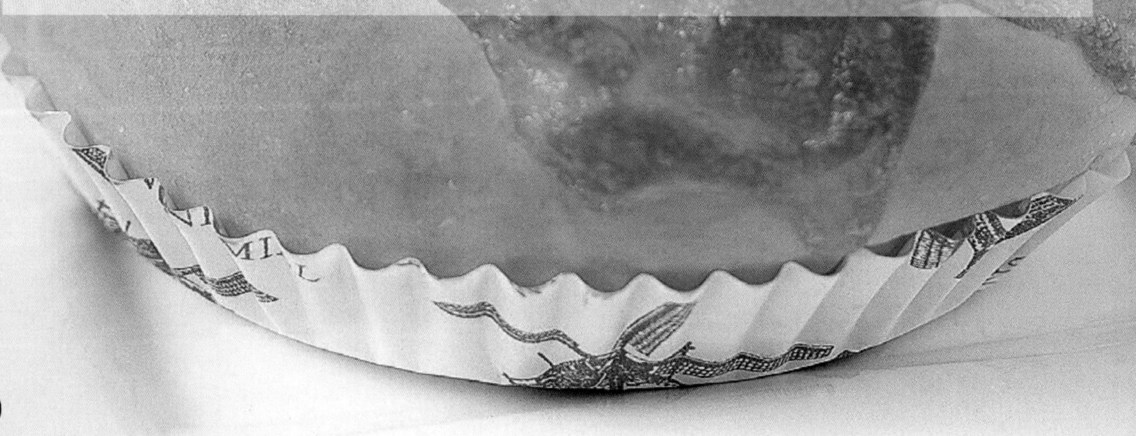

奶酪肉松包

时间：发酵 70 ~ 90 分钟，烘烤 15 分钟

原料

面团：高筋面粉500克，白糖100克，蜂蜜30毫升，奶粉20克，酵母6克，改良剂3克，奶香粉3克，水300毫升，鸡蛋50克，盐6克，奶油50克

肉松馅：肉松75克，白芝麻23克，奶油25克

奶酪馅：奶油110克，白糖90克，奶油芝士270克，鸡蛋80克，玉米淀粉30克

其他：瓜子仁适量

美味创作

面团制作：

1.将高筋面粉、奶粉、酵母、改良剂、奶香粉、白糖倒入面包机拌匀。

2.加水、蜂蜜、鸡蛋慢速搅拌均匀。

3.加奶油、盐慢速拌匀。

4.将面团留在面包桶里，按下“启动”键醒发。

5.面团醒发约70分钟后取出，分成每个30克的小面剂。

肉松馅制作：

将肉松、白芝麻、奶油混合，拌匀。

奶酪馅制作：

1.将奶油、白糖充分拌匀。

2.加奶油芝士打发。

3.分次加鸡蛋拌匀。

4.加玉米淀粉拌匀。

面包制作：

1.将小面剂擀压排气。

2.包入肉松馅，卷成橄榄形。

3.两个并排放入模具中，再放入面包机中醒发90分钟左右。

4.在面团表面刷鸡蛋液，挤奶酪馅，撒瓜子仁，烘烤15分钟左右，取出即可。

小贴士： 存放过久的瓜子仁，其所含的油脂在氧化后会影响人体细胞正常的新陈代谢，从而造成衰老、癌变等危害。

火腿肉松包

时间：发酵 70 ~ 90 分钟，烘烤 15 分钟

原料

面团：高筋面粉500克，白糖100克，蜂蜜30毫升，奶粉20克，酵母6克，改良剂3克，奶香粉3克，水300毫升，鸡蛋50克，盐6克，奶油50克

肉松馅：肉松75克，白芝麻23克，奶油25克

沙拉酱：白糖20克，盐1克，味精1克，鸡蛋20克，色拉油120毫升，白醋4毫升，淡奶10毫升

其他：火腿丝适量

美味创作

面团制作：

1.将高筋面粉、奶粉、酵母、改良剂、奶香粉、白糖倒入面包机拌匀。

2.加水、蜂蜜、鸡蛋慢速搅拌均匀。

3.加奶油、盐慢速拌匀。

4.将面团留在面包桶里，按下“启动”键醒发。

5. 将面团醒发约 70 分钟，取出，分成每个 60 克的小面剂。

肉松馅制作：

将肉松、白芝麻、奶油混合，拌匀。

沙拉酱制作：

1.将白糖、盐、味精、鸡蛋充分拌匀。

2.慢慢加色拉油打发。

3.加白醋、淡奶拌匀。

面包制作：

1.将小面剂擀压排气。

2.包入肉松，卷成橄榄形。

3.放入面包机醒发约90分钟，至原体积的3倍左右。

4.取出面团，刷鸡蛋液，放火腿丝，挤沙拉酱，再放入面包机中，烘烤15分钟左右，取出即可。

小贴士： 火腿要选择优质品牌，在保质期内且包装完整，不胀袋、不破袋。

香橙椰子包

时间：发酵 70 ~ 85 分钟，烘烤 15 分钟

原料

面团：高筋面粉500克，白糖100克，蜂蜜30毫升，奶粉20克，酵母6克，改良剂3克，奶香粉3克，水300毫升，鸡蛋50克，盐6克，奶油50克

椰子馅：奶油95克，白糖90克，鸡蛋70克，奶粉115克，椰蓉135克，椰香粉2克

其他：香橙馅适量

美味创作

面团制作：

1.将高筋面粉、奶粉、酵母、改良剂、奶香粉、白糖倒入面包机拌匀。

2.加水、蜂蜜、鸡蛋慢速搅拌均匀。

3.加奶油、盐慢速拌匀。

4.按下“启动”键醒发。

5.将面团发酵约70分钟，取出，分成每个60克的小面剂。

椰子馅制作：

将奶油、白糖充分拌匀，分次加鸡蛋充分拌匀；加奶粉、椰蓉、椰香粉拌均匀。

面包制作：

1.将小面剂擀压排气。

2.包入椰子馅，包成圆形。

3.将面剂擀成扁长形，对折两次，在面剂中间切开后将两边翻开使面包成形。

4.放入面包机醒发约85分钟，至原体积的3倍左右。

5.刷上鸡蛋液，挤上香橙馅，烘烤15分钟左右，取出即可。

小贴士：香橙馅市场上有售，如果买不到，可根据个人口味用沙拉酱等代替。

椰香包

时间：常温发酵 2 ~ 3 小时，烘烤 15 分钟

原料

面团：A：高筋面粉2100克，酵母28克，鸡蛋300克，水1250毫升；B：高筋面粉900克，白糖600克，水360毫升，奶粉120克，奶香粉18克，改良剂13克，盐30克，奶油300克

椰香馅：白糖75克，鸡蛋80克，液态奶油53毫升，色拉油90毫升，椰蓉100克

美味创作

面团制作：

1.将A材料全部放入面包机中搅拌均匀，常温发酵2～3小时。

2.将B材料逐个加入面团中快速搅拌，盖上保鲜膜常温醒发15分钟左右。

3.将面团分成每个65克的小面剂，滚圆，盖上保鲜膜常温醒发15分钟左右。

椰香馅制作：

将白糖、鸡蛋、奶油、色拉油、椰蓉混合拌匀。

面包制作：

1.将小面剂擀压排气。

2.揉成橄榄状。

3.放入面包机醒发约90分钟，至原体积的3倍左右。

4.取出面剂，挤上椰香馅，放入面包机中，烘烤15分钟左右，取出即可。

小贴士：小面剂不宜滚得太紧。

苹果包

时间：常温发酵 2 ~ 3 小时，烘烤 15 分钟

原料

面团：A：高筋面粉500克，酵母6克，鸡蛋50克，水250毫升；B：高筋面粉150克，白糖120克，水70毫升，奶粉30克，奶香粉5克，改良剂3克，盐6克，奶油60克

苹果馅：苹果丁300克，糖粉20克，奶油20克，水55毫升，玉米淀粉20克

香酥粒：白糖70克，奶油100克，低筋面粉200克

美味创作

面团制作：

1.将A材料全部放入面包机中搅拌均匀，常温发酵2～3小时。

2.将B材料逐个加入面团中快速搅拌，盖上保鲜膜常温醒发15分钟左右。

3.将面团分成每个65克的小面剂，滚圆，盖上保鲜膜常温醒发15分钟左右。

苹果馅制作：

将苹果丁、糖粉、奶油入锅煮沸，加玉米淀粉与水煮成糊状，冷却待用。

香酥粒制作：

将白糖、奶油拌匀，加低筋面粉拌匀，搓成粒状。

面包制作：

1.将小面剂擀压排气。

2.包入苹果馅，沾少量水后再撒香酥粒。

3.放入面包机醒发80分钟左右，至原体积的3倍左右。

4.取出面团，用剪刀在中间剪个小口，放入面包机，烘烤15分钟左右，取出即可。

小贴士： 苹果丁不要切得过大，要切得均匀，以免影响口感。

柠檬椰蓉包

时间：常温发酵2～3小时，烘烤15分钟

原料

面团：A：高筋面粉500克，酵母6克，鸡蛋50克，水250毫升；B：高筋面粉150克，白糖120克，水70毫升，奶粉30克，奶香粉5克，改良剂3克，盐6克，奶油60克

柠檬馅：柠檬果酱100克，即溶吉士粉32克

椰蓉馅：白糖、奶油、鸡蛋各50克，奶粉20克，椰蓉85克，椰香粉2克

奶油面糊：奶油、糖粉、鸡蛋、低筋面粉各30克，奶粉6克，盐3克

美味创作

面团制作：

1.将A材料全部放入面包机中搅拌均匀，常温发酵2～3小时。

2.将B材料逐个加入面团中快速搅拌，盖上保鲜膜常温醒发15分钟左右。

3.将面团分成每个65克的小面剂，滚圆，盖上保鲜膜常温醒发15分钟左右。

面糊制作：

将奶油、糖粉、盐、鸡蛋拌匀，加入低筋面粉、奶粉拌匀备用。

椰蓉馅制作：

将白糖、奶油拌匀，加鸡蛋充分拌匀，加奶粉、椰蓉、椰香粉拌匀，静置。

柠檬馅制作：

将柠檬果酱、即溶吉士粉拌匀。

面包制作：

1.将小面剂擀压排气，滚圆。

2.将椰蓉馅包入两片擀平的小面剂之间，切成梳齿状，并卷起，中间切断。

3.并排放入面包桶，醒发约85分钟。

4.刷鸡蛋液，挤上奶油面糊，中间挤柠檬馅。

5.放入面包机，烘烤15分钟左右，取出即可。

小贴士：小面剂的分量可根据自己的实际需要决定。

蓝莓椰蓉包

时间：常温发酵 2～3 小时，烘烤 15 分钟

原料

面团：A：高筋面粉500克，酵母6克，鸡蛋50克，水250毫升；B：高筋面粉150克，白糖120克，水70毫升，奶粉30克，奶香粉5克，改良剂3克，盐6克，奶油60克

其他：蓝莓果馅、椰蓉各适量

美味创作

面团制作：

1.将A材料全部放入面包机中搅拌均匀，常温发酵2～3小时。

2.将B材料逐个加入面团中快速搅拌，盖上保鲜膜常温醒发15分钟左右。

3.面团分成每个65克的小面剂，滚圆，盖上保鲜膜常温醒发15分钟左右。

面包制作：

1.将小面剂擀压排气，滚圆，包入蓝莓果馅，包成圆形，沾上少量水，粘上椰蓉。

2.面剂放入面包机醒发约85分钟，至原体积的3倍左右。

3.取出面剂，中间插两个小口，挤蓝莓果馅，放入面包机，烘烤15分钟左右，取出即可。

小贴士：蓝莓果馅和椰蓉一般超市都可买到。包蓝莓果馅时量不要太多，以免漏出。

香酥蓝莓乳酪面包

时间：发酵 30 分钟，烘烤 15 分钟

原料

面团：高筋面粉1000克，鸡蛋150克，冰水450毫升，白糖200克，酵母15克，奶油120克，盐10克，改良剂10克

乳酪馅：奶油芝士500克，奶油225克，糖粉200克

香酥粒：白糖150克，低筋面粉350克，奶油225克

其他：蓝莓适量

美味创作

面团制作：

1. 将高筋面粉、白糖、酵母、盐、改良剂放入面包机内慢速拌匀。
2. 加入鸡蛋、冰水慢速拌匀，转中速搅拌至面筋扩展（约 4 分钟）。
3. 加入奶油，慢速拌匀后转中速搅拌至面团光滑，可拉出薄膜状，盖保鲜膜醒发 30 分钟。
4. 将面团分成每份 480 克的面剂，按压排气，搓成棍形。
5. 再将面剂分成 8 小份，滚圆，放入面包机中醒发 20 分钟。
6. 取出面团擀开，由上而下卷成棍形，卷好后用手搓至 15 厘米长，放入相应的模具中，装入面包机做最后的醒发。

乳酪馅制作：

把奶油芝士、奶油、糖粉放入容器内，用打蛋器充分拌匀。

香酥粒制作：

白糖和奶油拌匀，加低筋面粉，搓匀。

面包制作：

1. 醒发完成的面剂放入至模具的八分满。
2. 用裱花袋在面剂上挤上乳酪馅和蓝莓馅。
3. 撒上香酥粒，放入面包机，烘烤约 15 分钟，取出即可。

小贴士：制作香酥粒搓面粉时，用手掌轻轻搓匀。

绿茶红豆面包

时间：发酵 30 分钟，烘烤 15 分钟

原料

面团：高筋面粉1000克，鸡蛋150克，冰水450毫升，白糖200克，酵母15克，奶油120克，盐10克，改良剂10克

绿茶面糊：奶油、鸡蛋、低筋面粉各100克，白糖240克，绿茶粉、黑芝麻各10克

红豆馅：糯米粉300克，白糖30克，开水300毫升，红豆150克

美味创作

面团制作：

1. 将高筋面粉、白糖、酵母、盐、改良剂放入面包机内慢速拌匀。
2. 加入鸡蛋、冰水慢速拌匀，转中速搅拌至面筋扩展（约 4 分钟）。
3. 加入奶油，慢速拌匀后转中速搅拌至面团光滑，可拉出薄膜状，盖保鲜膜发酵 30 分钟。
4. 将面团分成每份 480 克的面剂，按压排气，搓成棍形。
5. 再将面剂分成 8 小份，滚圆，放入面包机中醒发 20 分钟。
6. 取出面团擀开，由上而下卷成棍形，卷好后用手搓至 15 厘米长，放入相应的模具中，装入面包机做最后的醒发。

绿茶面糊制作：

1. 将白糖、奶油用打蛋器拌匀，再加入鸡蛋充分打匀。
2. 加入低筋面粉、绿茶粉、黑芝麻拌匀，制成绿茶面糊。

红豆馅制作：

将糯米粉、白糖放入容器中，加开水，用打蛋器迅速打匀，加打碎的红豆，拌匀成红豆馅。

面包制作：

1. 将面剂分成 60 克的小面剂，擀平。
2. 将红豆馅抹在面剂中间，由上而下地把馅卷入，压紧收口。
3. 将收口朝下，放入面包桶醒发，至原体积的 1 倍大。
4. 取出，挤上绿茶面糊，放到面包机里烘烤约 15 分钟，取出即可。

小贴士：制作红豆馅的水温要高。

黄金条面包

时间：发酵 60 分钟，烘烤 15 分钟

原料

面团： 高筋面粉1000克，盐10克，香粉1克，改良剂3克，白糖200克，酵母10克，奶油100克，奶粉40克，鸡蛋100克，水500毫升

黄金酱： 蛋黄80克，液态酥油200毫升，糖粉100克，炼乳50克，淡奶80毫升，盐适量

美味创作

面团制作：

1. 将高筋面粉、盐、香粉、改良剂、酵母、奶粉、白糖放入面包机，慢速拌匀。
2. 加入鸡蛋、水，慢速拌匀，转中速搅拌至面筋扩展（约 4 分钟）。
3. 加入奶油，慢速拌匀后转中速搅拌至可拉出薄膜状，放入面包机，以 30℃发酵 60 分钟。
4. 取出面团，分成每份 480 克的面剂，按压排气，卷成条，搓实，再分成 8 份，滚圆，盖保鲜膜，醒发 20 分钟。

黄金酱制作：

将蛋黄、糖粉、盐拌匀，慢慢加入液态酥油拌匀，加炼乳、淡奶充分拌匀。

面包制作：

1. 将醒发完成的面剂擀平，由上而下卷起，压紧收口，轻轻搓成约 12 厘米长的棍形。
2. 放入面包机醒发，温度 35℃、湿度 80%，至原体积的 3 倍左右。
3. 取出面剂，挤上黄金酱，放入面包机中，烘烤约 12 分钟，取出即可。

小贴士： 炼乳多为罐装，打开后需冷藏，否则容易变质腐败、感染细菌。

意大利玉米包

时间：发酵 60 分钟，烘烤 13 分钟

原料

面团：高筋面粉1000克，盐10克，香粉1克，改良剂3克，白糖200克，酵母10克，奶油100克，奶粉40克，鸡蛋100克，水500毫升

玉米馅：火腿粒150克，玉米粒300克，沙拉酱、味粉、胡椒粉各适量

其他：火腿片适量

美味创作

面团制作：

1. 将高筋面粉、盐、香粉、改良剂、酵母、奶粉、白糖放入面包机，慢速拌匀。
2. 加入鸡蛋、水，慢速拌匀，转中速搅拌至面筋扩展（约 4 分钟）。
3. 加入奶油，慢速拌匀后转中速搅拌至可拉出薄膜状，放入面包机，以 30℃发酵 60 分钟。
4. 取出面团，分成每份 480 克的面剂，按压排气，卷成条，搓实，再分成 8 份，滚圆，盖保鲜膜，醒发 20 分钟。

玉米馅制作：

把火腿粒、玉米粒、沙拉酱、味粉、胡椒粉充分混合搅拌。

面包制作：

1. 将醒发完成的面剂擀平，铺上火腿片。
2. 由上而下将火腿片卷入中间，捏紧收口成橄榄形，用刀在中间划一刀。
3. 放入面包机做最后醒发，温度 35℃、湿度 75%，至原体积的 3 倍左右。
4. 刷上蛋液，抹上玉米馅，放入面包机中，烘烤 13 分钟左右，取出即可。

小贴士：刀口要划得深一些，可以看见火腿片为宜。

布丁面包

原料

面团：A：高筋面粉1000克，盐10克，香粉1克，改良剂3克，白糖200克，酵母10克，奶粉40克；B：奶油、鸡蛋各100克，水500毫升

布丁水：布丁粉50克，水70毫升，鸡蛋75克，奶油35克，白糖150克

菠萝皮：低筋面粉、奶油各250克，白糖500克，水170毫升，盐10克，鸡蛋150克，香料25克，泡打粉10克

时间：发酵 60 分钟，
烘烤 15 分钟

美味创作

面团制作：

1. 将 A 材料倒入面包机，慢速拌匀。
2. 加入鸡蛋、水，慢速拌匀，转中速搅拌至面筋扩展（约4分钟）。
3. 加奶油，慢速拌匀后转中速搅拌至可拉出薄膜状，放入面包机，以 30℃发酵 60 分钟。
4. 取出面团，分成每个 75 克的小面剂，滚圆，盖保鲜膜，醒发 20 分钟。

布丁水制作：

1. 将水、鸡蛋拌匀，加入奶油，加热溶解。
2. 加拌匀的白糖和布丁粉，边加边搅拌，煮至 90℃。
3. 煮好后马上用筛过滤，制成布丁水。

菠萝皮制作：

1. 将白糖、奶油拌匀，加香料、鸡蛋，搅拌至微发。
2. 加入泡打粉、水、盐拌匀，至面糊色泽微白。
3. 加低筋面粉，搅拌至适当硬度，轻轻搓成条，分成小份。

面包制作：

1. 将小面剂滚实，压入菠萝皮内，将菠萝皮包在面剂周围。
2. 做出凹槽，用刮板在表面斜画上“#”字，常温醒发至原体积的 3 倍左右。
3. 在凹槽中倒入布丁水，放入面包机，烘烤约 15 分钟，取出即可。

【小贴士：布丁水一定要过滤，以免影响美观和口感。】

椰子球面包

时间：发酵 60 分钟，烘烤 12 分钟

原料

面团：高筋面粉1000克，盐10克，香粉1克，改良剂3克，白糖200克，酵母10克，奶油100克，奶粉40克，鸡蛋100克，水500毫升

椰子馅：白糖250克，椰丝250克，鸡蛋250克，色拉油50毫升

美味创作

面团制作：

1. 将高筋面粉、盐、香粉、改良剂、酵母、奶粉、白糖放入面包机，慢速拌匀。
2. 加入鸡蛋、水，慢速拌匀后转中速搅拌至面筋扩展（约 4 分钟）。
3. 加入奶油，慢速拌匀后转中速搅拌至可拉出薄膜状，放入面包机，以 30℃发酵 60 分钟。
4. 取出面团，分成每份 480 克的面剂，按压排气，卷成条，搓实，再分成 8 份，滚圆，盖保鲜膜，醒发 20 分钟。

椰子馅料制作：

把白糖、椰丝、鸡蛋、色拉油混合，用打蛋器拌匀制成椰子馅。

面包制作：

1. 将面剂再次滚圆，放入面包机醒发，温度 35℃、湿度 75%，至原体积的 3 倍左右。
2. 将椰子馅抹在面剂表面，烘烤约 12 分钟，取出即可。

[**小贴士**：醒发后的面剂不用滚得太紧。]

巧克力面包

时间：发酵 30 分钟，

烘烤 18 分钟

原料

面团：高筋面粉1000克，酵母10克，盐10克，白糖50克，改良剂10克，水425毫升，巧克力酱350克

其他：甘薯丁、蛋液各适量

美味创作

面团制作：

1. 将高筋面粉、酵母、盐、白糖、改良剂放入面包机，慢速拌匀。
2. 加入水慢速拌匀后转中速搅拌至面筋扩展（约 4 分钟）。
3. 加入巧克力酱，慢速拌匀后转中速搅拌至面团表面光滑，可拉出薄膜状。
4. 退出程序，取出面包桶，让面团在面包桶里常温发酵 30 分钟。
5. 取出面团，分成每个 250 克的小面剂，适当滚圆，盖保鲜膜再醒发 20 分钟。

面包制作：

1. 将面剂擀平，铺上甘薯丁，由上而下卷成橄榄形，捏紧收口。
2. 放入面包机醒发，温度 32℃、湿度 75%，至原体积的 3 倍左右。
3. 在表面刷上蛋液，划 3 刀，烘烤 18 分钟左右即可。

小贴士：烂甘薯（带有黑斑的甘薯）和发芽的甘薯可使人中毒，不宜食用。

香酥芥辣沙拉面包

原料

面团：高筋面粉1000克，鸡蛋150克，冰水450毫升，白糖200克，酵母10克，奶油120克，盐10克，改良剂10克

芥辣沙拉馅：白煮蛋140克，小黄瓜丁60克，玉米粒100克，沙拉酱150克，芥辣酱30克

香酥粒：白糖40克，奶油60克，低筋面粉120克

时间：发酵 60 分钟，
烘烤 12 分钟

美味创作

面团制作：

1. 高筋面粉、盐、改良剂、酵母、白糖放入面包机，慢速拌匀。
2. 加入鸡蛋、冰水，慢速拌匀后转中速搅拌至面筋扩展（约 4 分钟）。
3. 加入奶油，慢速拌匀后转中速搅拌至可拉出薄膜状，放入面包机，以 30℃发酵 60 分钟。
4. 取出面团分成每个 60 克的小面剂，滚圆，盖保鲜膜，醒发 20 分钟，

芥辣沙拉馅料制作：

把白煮蛋、小黄瓜丁、玉米粒、沙拉酱、芥辣酱放入容器内，充分拌匀。

香酥粒制作：

将白糖和奶油拌匀，加低筋面粉，搓匀。

面包制作：

1. 将小面剂擀平成椭圆形。
2. 由上而下卷成橄榄状，捏紧收口。
3. 表面粘上香酥粒，放入面包机醒发至原体积的 3 倍左右。
4. 烘烤 12 分钟左右。
5. 取出面包，冷却后，在侧面中间切开一个长口，不切断，填入芥辣沙拉馅抹平即可。

【**小贴士：**面包要冷却后才能切口。】

香葱肉松面包

原料

面团：高筋面粉1000克，盐10克，香粉1克，改良剂3克，白糖200克，酵母10克，奶油100克，奶粉40克，鸡蛋100克，水500毫升

面糊：奶油200克，糖粉200克，低筋面粉200克，香草粉6克，鸡蛋20克，葱花适量

肉松馅：肉松100克，酥油150毫升，白芝麻50克，陈皮适量

时间：发酵 60 分钟，
烘烤 15 分钟

美味创作

面团制作：

1. 将高筋面粉、盐、改良剂、酵母、白糖、香粉、奶粉放入面包机，慢速拌匀。
2. 加入鸡蛋、水，慢速拌匀后转中速搅拌至面筋扩展（约 4 分钟）。
3. 加入奶油，慢速拌匀后转中速搅拌至可拉出薄膜状，放入面包机，以 30℃发酵 60 分钟。
4. 取出面团，分成每个 60 克的小面剂，盖保鲜膜，醒发 20 分钟。

面糊制作：

1. 将糖粉、奶油放入面包桶内，充分拌匀。
2. 加入鸡蛋，迅速搅拌至微发。
3. 加入低筋面粉、香草粉，充分拌匀，制成面糊。
4. 加葱花拌匀。

肉松馅制作：

将肉松、酥油、白芝麻、陈皮混合，拌匀。

面包制作：

1. 将小面剂压扁排气，擀平成椭圆形。
2. 将肉松馅放在面剂中央，捏紧，收口成圆形。
3. 放入面包机进行最后的醒发，温度 35℃、湿度 80%，至原体积的 3 倍左右。
4. 挤上面糊，烘烤约 15 分钟即可。

【小贴士：面糊的搅拌时间不宜太长。】

海鲜调理包

时间：发酵 20 分钟，烘烤 15 分钟

原料

面团：高筋面粉1000克，酵母11克，改良剂5克，鸡蛋100克，白糖180克，鲜奶535毫升，奶香粉5克，盐12克，黄油120克，奶油35克

其他：沙拉酱、海鲜酱、红辣椒、青辣椒、鲜鱿鱼须各适量

美味创作

1.将高筋面粉、酵母、改良剂、奶香粉放入面包机拌匀，加白糖拌匀，加鲜奶、鸡蛋，慢速拌匀后转快速搅拌。

2.面团筋度约七至八成时加黄油、盐、奶油，慢速拌匀，快速拌至可拉出薄膜状为止。

3.发酵约20分钟，取出面团，分成每个95克的小面剂，滚圆，放入面包机里发酵20分钟。

4.将发酵好的小面剂压扁，排出里面的空气，卷成条形，擀平，放入面包机发酵，温度37℃、湿度75%，至原体积的3倍左右。

5.刷上鸡蛋液，放上鲜鱿鱼须、红辣椒、青辣椒，挤上沙拉酱、海鲜酱，烘烤15分钟左右，取出即可。

小贴士：鱿鱼是发物，患有湿疹、荨麻疹等疾病的人忌食。

香菜芝士包

时间：发酵 90 分钟，烘烤 15 分钟

原料

高筋面粉800克，低筋面粉200克，白糖80克，鸡蛋200克，酵母12克，改良剂6克，水420毫升，盐16克，奶油150克，蛋糕油10克，黑胡椒4克，香菜（切碎）60克，火腿丝250克，沙拉酱、芝士各适量

美味创作

1.将低筋面粉、高筋面粉、白糖、鸡蛋、水、改良剂、酵母、奶油、蛋糕油、盐依次慢慢加入面包机，搅拌均匀，至可拉出薄膜状，加黑胡椒、香菜碎、火腿丝慢速拌匀。

2.醒发20分钟左右，取出面团，分成每个65克的小面剂，盖保鲜膜，放入面包机；以温度35℃、湿度80%，松弛15分钟左右。

3.小面剂压扁排气，卷起成形，排入面包机，温度37℃、湿度75%，发酵90分钟左右。

4.刷上鸡蛋液，挤上沙拉酱，加上芝士，烘烤15分钟左右，取出即可。

小贴士：最后发酵时不要发得太满，至八分满即可。

果仁肉松面包

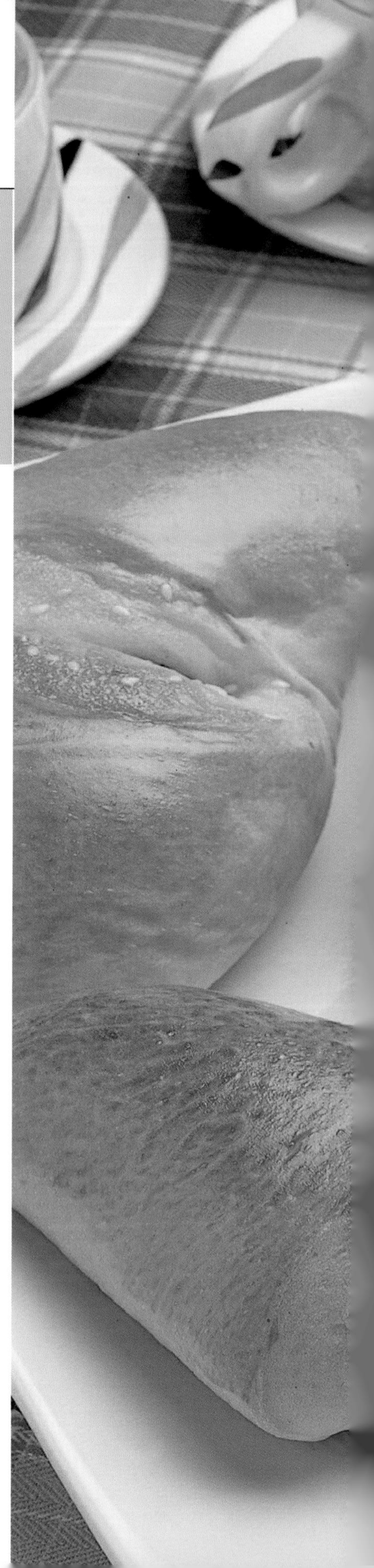

原料

面团：高筋面粉1000克，盐10克，香粉1克，改良剂3克，白糖200克，酵母10克，奶油100克，奶粉40克，鸡蛋100克，水500毫升

果仁肉松馅：瓜子仁、花生碎、核桃碎、肉松、葱花各100克，盐15克，蛋糕碎250克，奶油50克

其他：黄金酱（参照黄金条面包）适量

时间：发酵 60 分钟，
烘烤 12 分钟

美味创作

面团制作：

1.将高筋面粉、盐、香粉、改良剂、酵母、奶粉、白糖放入面包机，慢速拌匀。

2.加入鸡蛋、水，慢速拌匀后转中速搅拌至面筋扩展（约4分钟）。

3.加入奶油，慢速拌匀后转中速搅拌至可拉出薄膜状，放入面包机，以30℃发酵60分钟。

4.取出面团，分成每份480克面剂，按压排气，卷成条，搓实，再分成8份，滚圆，盖保鲜膜，醒发20分钟。

果仁肉松馅制作：

将瓜子仁、花生碎、核桃碎、肉松、葱花、盐、蛋糕碎、奶油混合，拌匀。

面包制作：

1.将醒发完成的面剂擀平，铺上果仁肉松馅，由上而下卷成橄榄形。

2.用剪刀在中间斜剪一刀，放入面包机里醒发，温度35℃、湿度80%，至原来的3倍左右。

3.取出后刷上蛋液，在刀口处挤上黄金酱，再放入面包机，烘烤约12分钟，取出即可。

小贴士： 用剪刀剪一刀后，稍微将刀口扭一下，露出馅。

豆沙卷

时间：发酵 15 分钟，烘烤 20 分钟

原料

种面：高筋面粉140克，牛奶80毫升，酵母2.5克，白糖25克，盐0.5克，黄油15克，鸡蛋液15克

红豆馅：红豆30克，水90毫升，红糖20克

其他：白芝麻适量

美味创作

1.将高筋面粉、牛奶、酵母、白糖、盐、黄油、鸡蛋液放入面包机，搅拌成面团，选择“发面团”程序，发酵；取出，排压出气，分为6份，揉成小面剂，静置发酵15分钟。

2.红豆馅制作：将事先浸泡了24小时的红豆连同水一起放入电压力锅中煮熟，用勺碾碎，加红糖，搅拌均匀，待凉透后，捏成6个小丸。

3.将小面剂按扁，包入豆沙丸，收口捏紧，收口朝下，放在面板上，擀成长圆形的面皮，竖切4刀，首尾不能切断。

4.捏住两头，将面皮两端向不同的方向扭，做成不同的花式，整形好的面包摆入烤盘，进行二次发酵。

5.在面包的表面刷鸡蛋液，撒上白芝麻，放入面包机，烘烤20分钟即可。

小贴士：为避免红豆变质，浸泡时应放入冰箱。红豆放入电压力锅时，以红豆刚淹没入水为准，不可多加水，否则不能成丸。

叉烧包

时间：发酵 90 分钟，
烘烤 15 分钟

原料

种面：高筋面粉500克，白糖100克，鸡蛋45克，水275毫升，酥油50克，酵母、盐各5克

主面：低筋面粉200克，高筋面粉、白糖、黄油各50克，水75毫升，鸡蛋20克，片状酥油200克

其他：叉烧馅适量

美味创作

1.种面：将高筋面粉、白糖、酵母、盐加入搅拌机慢速搅匀，加鸡蛋、水慢速拌匀转中速打至面筋展开，加酥油慢速拌匀后转中速，至表面光滑可拉出薄膜状，再慢速拌1分钟，令面筋稍作舒缓，以26℃醒发15分钟。

2.酥皮制作：将主面除片状酥油外的其他材料混匀，搅拌成光滑的面糊，醒发备用。

3.将面糊包住片状酥油，用棒子压平，折成三层，再压平，再折成三层，再压平，再折成四层，放置醒发；醒发后压平至3毫米厚，卷成圆条状，放入冰箱冻硬。

4.发酵好的面团分成每个65克的小面剂，盖保鲜膜醒发20分钟，包入叉烧馅，搓成圆形。

5.取出硬酥皮团，切成片，用模具整成圆片形，盖在面包上，温度36℃、湿度75%发酵约90分钟；取出，放入面包机，烘烤15分钟即可。

小贴士： 自做叉烧馅：猪里脊肉切成丁，浸入酱汁一晚。锅中放少许食用油，将肉丁炒至断生，煸出一些油脂，淋上水淀粉。

香芋面包卷

原料

面团：高筋面粉1000克，盐10克，香粉1克，改良剂3克，白糖200克，酵母10克，奶油100克，奶粉40克，鸡蛋100克，水500毫升

香芋馅：蒸熟香芋500克，白糖200克，奶油100克，奶粉50克，色拉油适量

奶黄馅：水240毫升，即溶吉士粉96克，牛奶100毫升

时间：发酵 60 分钟，
烘烤 12 分钟

美味创作

面团制作：

1. 将高筋面粉、盐、香粉、改良剂、酵母、奶粉、白糖放入面包机，慢速拌匀。
2. 加入鸡蛋、水，慢速拌匀后转中速搅拌至面筋扩展（约 4 分钟）。
3. 加入奶油，慢速拌匀后转中速搅拌至可拉出薄膜状，放入面包机，以 30℃发酵 60 分钟。
4. 取出，按压排气，搓实，分成每个 75 克的小面剂，滚圆，盖保鲜膜，醒发 20 分钟。

香芋馅料制作：

在熟香芋中加入白糖、奶油、奶粉、色拉油，充分搅拌，制成香芋馅。

奶黄馅制作：

将水、吉士粉、牛奶混合均匀。

面包制作：

1. 将醒发好的小面剂，按压排气，包入香芋馅，收紧收口成圆形，揉好形状。
2. 放入面包机醒发，温度 35℃、湿度 80%，至原体积的 3 倍左右。
3. 挤上奶黄馅，烘烤约 12 分钟即可。

小贴士：香芋的黏液含有皂苷，能刺激皮肤发痒，生剥香芋皮时需小心，可以倒点醋在手中，搓一搓再削皮。

肠仔包

时间：发酵 1.5 小时，烘烤 15 分钟

原料

高筋面粉 400 克，黄油 330 克，牛奶 100 毫升，酵母 7 克，白糖、火腿肠、鸡蛋液各适量

美味创作

1.将高筋面粉、黄油、牛奶、酵母、白糖、鸡蛋液混合揉成团，置温暖处发酵1.5小时。
2.将发酵好的面团排气，分成每个50克的小面剂，盖上保鲜膜，静置15分钟，擀长，卷起。
3.中间切一刀，放上一根火腿肠，封口，盖上保鲜膜，醒发至2倍大。
4.表面刷上鸡蛋液，放入面包机，烘烤15分钟左右。

小贴士：放上火腿肠之后，封口时要捏紧。

东京薯泥

时间：发酵 20 分钟，烘烤 15 分钟

原料

面团：高筋面粉500克，白糖100克，酵母5克，盐5克，鸡蛋40克，水275毫升，酥油50克

馅料：土豆150克，火腿粒、葱花、盐各适量

其他：椰蓉适量

美味创作

1. 先将高筋面粉、白糖、酵母、盐依次加入搅拌机慢速搅拌均匀；加入鸡蛋、水慢速拌匀，转中速搅拌至面筋展开。
2. 加酥油，慢速拌匀后转中速，至面团表面光滑可拉出薄膜状，再慢速拌 1 分钟，令面筋稍作舒缓，完成后以 26℃发酵 20 分钟。
3. 土豆馅制作：将土豆煮熟碾成泥状，加入火腿粒和葱花、盐拌匀。
4. 将发酵好的面团分成每个 65 克的小面剂，盖保鲜膜醒发 20 分钟左右，擀成 3 厘米厚的面片，放到模具里，让面片和模具贴合，去掉模具边多余的面片。
5. 静置醒发 30 分钟，放入面包机，烘烤 15 ~ 20 分钟，直到其表面焦黄，取出放凉，挤上薯泥馅，边上撒椰蓉即可。

小贴士：在面片底部扎一些小孔，这样烘烤时内部产生的热气才能释放，否则面片会鼓起甚至被撑破。

北欧面包

原料

种面：高筋面粉1400克，酵母30克，改良剂10克，牛奶1000毫升

主面：高筋面粉600克，白糖100克，盐25克，奶粉80克，冰水350毫升，奶油200克

其他：巧克力适量

时间：发酵 30 分钟，烘烤 12 分钟

美味创作

面团制作：

1.将种面材料放入面包机慢速拌匀，转中速搅拌2分钟，完成后常温醒发2小时以上。

2.醒发好的面团加入主面的白糖、盐、奶粉、冰水，慢速拌匀后转中速搅拌成糊状。

3.加高筋面粉，慢速拌匀后转中速搅拌至面筋扩展，加奶油，慢速拌匀后转中速搅拌至面团表面光滑，可拉出薄膜状（面团温度28℃）。

4.常温下发酵30分钟，分成每个100克的小面剂，适当滚圆，不用滚得太紧，盖上保鲜膜醒发20分钟。

面包制作：

1.醒发好的面剂擀平，由上而下卷成棍形，捏紧收口。

2.放入面包机醒发，温度35℃、湿度80%，至原体积的3倍左右。

3.烘烤约12分钟，出炉冷却，淋上融化的巧克力作装饰即可。

小贴士： 融化巧克力可采用隔水加热法，使用 60℃ 左右的热水，再充分搅拌，直到巧克力完全融化。或先将巧克力削片，则更容易融化。

风味麦香包

原料

面团： A.高筋面粉600克，酵母10克，水350毫升；B.白糖75克，高筋面粉350克，盐10克，水150毫升，奶粉35克，奶油50克，鸡蛋100克，改良剂4克

麦香馅： 糖粉85克，奶油90克，奶粉100克，椰蓉25克，核桃粉8克，燕麦粉55克，花生酱10克

芋风酱： 沙拉酱75克，香芋色香油2.5毫升

时间：发酵 2 小时，
烘烤 15 分钟

美味创作

面团制作：

1. 将 A 材料放入面包机慢速拌匀，以 30℃发酵 2 小时，至原体积的 3 倍左右。
2. 加入 B 材料的白糖、鸡蛋、水，搅拌成糊状。
3. 加入高筋面粉、奶粉、改良剂，慢速搅匀后转快速搅拌，至面团表面稍光滑，加奶油、盐，慢速拌匀后转快速。
4. 搅拌至面筋扩展，可拉出均匀薄膜状，以 28℃醒发 15 分钟左右。
5. 取出面团，分成每个 65 克的小面剂，滚圆，盖保鲜膜醒发 15 分钟左右。

麦香馅料制作：

把糖粉、奶油拌匀，加入花生酱拌匀，再加入奶粉、椰蓉、核桃粉、燕麦粉拌匀。

面包制作：

1. 将小面剂用手按压排气，放上麦香馅，包成圆形，捏紧收口。
2. 放入面包机醒发约 75 分钟，温度 36℃、湿度 75%，至原体积的 3 倍左右。
3. 刷上鸡蛋液，挤上芋风酱，烘烤 15 分钟左右，取出即可。

小贴士： 芋风酱即沙拉酱和香芋色香油拌匀。

风味水果包

时间：发酵 90 分钟，烘烤 12 分钟

原料

面团：A.高筋面粉600克，酵母10克，水350毫升；B.白糖75克，高筋面粉350克，盐10克，水150毫升，奶粉35克，奶油50克，鸡蛋100克，改良剂4克

沙拉水果馅：什果125克，沙拉酱35克

美味创作

面团制作：

做法参考第 43 页。

沙拉水果馅制作：

将什果、沙拉酱拌匀。

面包制作：

1. 将小面剂按压排气，由上而下卷成橄榄形。
2. 放入面包机，温度 36℃、湿度 75% 发酵 90 分钟，至原体积的 2.5 倍，取出冷却。
3. 刷上鸡蛋液，挤上沙拉酱，放入面包机，烘烤 12 分钟左右，取出。
4. 用刀在面包中间切开，放上沙拉水果馅，挤上沙拉酱即可。

小贴士：用刀切面包的时候，注意力度，不要切断，切三分二厚度为宜。

椰丝条

时间：发酵 90 分钟，
烘烤 20 分钟

原料

鸡蛋液20克，低筋面粉30克，黄油32克，高筋面粉170克，酵母1.5克，牛奶100毫升，椰丝适量

美味创作

1.将鸡蛋液、低筋面粉、高筋面粉、酵母、牛奶放入面包机，揉10分钟，加黄油，揉至完成阶段。

2.移至温暖处发酵90分钟，用手戳小洞，以不立刻回弹为宜。

3.将发酵好的面团取出，分成6小份，滚圆，表面刷水，捏住底部，在表面粘一层椰丝，排在铺油纸的烤盘上，放入发酵箱，进行二次发酵至2倍大。

4.取出，放入面包机，烘烤20分钟左右即可。

小贴士： 面团第一次发酵，用手指沾干面粉，插进面团，若小坑很快回缩则发酵未完成，反之则发酵完成。

芝士火腿卷

原料

面团： A.高筋面粉600克，酵母10克，水350毫升；B.白糖75克，高筋面粉350克，盐10克，水150毫升，奶粉35克，奶油50克，鸡蛋100克，改良剂4克

其他： 芝士片、火腿片、葱花、沙拉酱各适量

时间：发酵2小时，
烘烤15分钟

美味创作

面团制作：

1.将A材料放入面包机慢速拌匀，以30℃发酵2小时，至原体积的3倍左右。

2.加入B材料的白糖、鸡蛋、水，搅拌成糊状。

3.加入高筋面粉、奶粉、改良剂，慢速搅匀后转快速搅拌，至面团表面稍光滑。

4.加奶油、盐，慢速拌匀后转快速搅拌至面筋扩展，可拉出均匀薄膜状，以28℃醒发15分钟左右。

5.取出面团，分成每个65克的小面剂，滚圆，盖保鲜膜醒发15分钟左右。

面包制作：

1.将小面剂擀开排气，放上芝士片、火腿片，卷起成橄榄形。

2.两边向中间折起，用剪刀剪一下，两边拉开。

3.放入面包机，温度37℃、湿度70%醒发约90分钟，至原体积的3倍左右。

4.刷上鸡蛋液，撒上葱花，挤上沙拉酱，烘烤15分钟左右，取出即可。

小贴士： 吃起来感觉味道有刺激或不爽口的火腿，说明食品添加剂量过多，不宜食用。

纯肉松包

时间：发酵 90 分钟，烘烤 15 ~ 20 分钟

原料

高筋面粉500克，白糖100克，酵母5克，盐5克，鸡蛋50克，水250毫升，酥油50克，肉松、沙拉酱各适量

美味创作

1. 将高筋面粉、白糖、酵母、盐依次加入搅拌机，慢速搅拌均匀，加鸡蛋、水，慢速拌匀转中速搅拌至面筋展开。

2.加酥油，慢速拌匀后转中速，至面团表面光滑，可拉出薄膜状，慢速搅拌1分钟，令面筋稍作舒缓。

3.面团搅拌完成后温度在26～28℃，松弛15分钟，分成每个60克的小面剂，滚圆，松弛15分钟。

4.把小面剂整成橄榄形，放入烤盘，发酵90分钟至2倍大左右，放入面包机，烤15～20分钟，取出放凉。

5.在面包中间划一道长口子，中间挤入沙拉酱，合并口子，再抹一层沙拉酱，撒上肉松即可。

小贴士： 一定要先抹沙拉酱，再撒肉松，这样肉松不易掉。

甜甜圈包

时间：发酵 90 分钟，烘烤 15 分钟

原料

高筋面粉500克，白糖100克，酵母5克，盐5克，鸡蛋50克，水275毫升，酥油50克，香酥粒适量

美味创作

1.将高筋面粉、白糖、酵母、盐依次加入搅拌机，慢速搅拌均匀，加鸡蛋、水，慢速拌匀转中速搅拌至面筋展开。

2.加酥油，慢速拌匀后转中速，至面团表面光滑，可拉出薄膜状，慢速搅拌1分钟，令面筋稍作舒缓。

3.面团搅拌完成后，温度在26～28℃，松弛15分钟；取出面团分成每个60克的小面剂，擀开成长形，卷起搓成长条，将一头擀薄，另一头弯起包入。

4.放入发酵箱，温度36℃、湿度75%，发酵约90分钟。

5.发酵完成后，在表面刷上鸡蛋液，撒上香酥粒，放入面包机，烘烤15分钟左右。

小贴士：第二次发酵完成后，会变得非常柔软，拿起来的时候要非常小心，手上要多撒一些干粉，以免面团黏在手上。

火腿肉松

时间：发酵 80 分钟，烘烤 15 分钟

原料

高筋面粉500克，白糖100克，酵母5克，盐5克，鸡蛋50克，水250毫升，酥油50克，火腿粒、肉松、葱花、沙拉酱各适量

美味创作

1.将高筋面粉、白糖、酵母、盐依次加入搅拌机，慢速搅拌均匀，加鸡蛋、水，慢速拌匀转中速搅拌至面筋展开。

2.加酥油，慢速拌匀后转中速搅拌，至面团表面光滑，可拉出薄膜状，再慢速搅拌1分钟，令面筋稍作舒缓。

3.面团搅拌完成后，温度在26～28℃，松弛15分钟；取出面团，分成每个60克的小面剂，再松弛15分钟。

4.将松弛完成的面剂取出，擀开，切成三等份，编成辫子形，捏紧收口，摆入烤盘，放入发酵箱，发酵80分钟。

5.取出，表面刷上鸡蛋液，撒上火腿粒、葱花，放入面包机烘烤15分钟，熟透后取出，刷上沙拉酱，粘上肉松即可。

小贴士：可选择不同的材料刷表面。刷牛奶，面包呈浅棕黄色软皮；刷全鸡蛋液，呈金红色亮皮；刷蛋黄加水，呈金黄色亮皮；刷融化的奶油，呈浅黄色软皮。

椰汁餐包

时间：发酵 90 分钟，
烘烤 15 分钟

原料

高筋面粉 500 克，白糖 100 克，酵母 5 克，盐 5 克，鸡蛋 25 克，水 275 毫升，酥油 50 克，椰汁馅适量

美味创作

1. 将高筋面粉、白糖、酵母、盐依次加入搅拌机，慢速搅拌均匀；加鸡蛋、水，慢速拌匀后转中速搅拌至面筋展开。
2. 加酥油，慢速拌匀后转中速，至面团表面光滑，可拉出薄膜状，再慢速搅拌 1 分钟，令面筋稍作舒缓，完成后，温度在 26 ~ 28℃，松弛 15 分钟。
3. 取出面团，分成每个 30 克的小面剂，搓圆，放入面包机，用温度 36℃、湿度 75% 进行二次发酵，约 90 分钟。
4. 发酵后取出，从面包顶尖部位开始往外绕椰汁馅，放入面包机，烘烤 15 分钟左右。

小贴士： 发酵时，面团体积变大，摆放时相隔距离远一些，可避免粘连。

Chapter 3

硬式面包

康芝法包

时间：发酵 80 分钟，烘烤 25 分钟

原料

面团：高筋面粉1000克，低筋面粉250克，酵母13克，改良剂3.5克，盐12克，水750毫升

其他：芝士片、面包糠、奶油各适量

美味创作

1.将高筋面粉、低筋面粉、酵母、改良剂放入面包机拌匀，加水，慢速拌匀后改快速搅拌。

2.加盐，慢速拌匀后改快速搅拌，拌至面筋扩展，可拉出薄膜状，以23℃醒发35分钟，取出面团，分成每个80克的小面剂，滚圆后盖保鲜膜松弛30分钟。

3.将发酵完成的小面剂压扁排气，放芝士片，卷成橄榄形，捏紧收口，扫上水，撒面包糠。

4.排入面包机，以温度35℃、湿度70%发酵约80分钟，至原体积的3倍左右。

5.两边各划1个小口，在小口上挤上奶油，烘烤25分钟左右，取出即可。

小贴士：面包糠是吐司面包经去皮、切片、恒温干制后，再经过均匀粉碎而来的。

乡野法包

时间：发酵 30 分钟，烘烤 23 分钟

原料

面团：高筋面粉1000克，低筋面粉250克，酵母13克，改良剂3.5克，盐12克，水750毫升

其他：火腿片、洋葱丝、奶油各适量

美味创作

1.将高筋面粉、低筋面粉、酵母、改良剂放入面包机拌匀；加水，慢速拌匀后改快速搅拌。

2.加盐，慢速拌匀后改快速搅拌，拌至面筋扩展，可拉出薄膜状，以23℃醒发35分钟。取出面团，分成每个70克的小面剂，滚圆后盖保鲜膜醒发30分钟。

3.将小面剂按压排气，放火腿片、洋葱丝，由上而下卷成橄榄形，排入面包机，温度33℃、湿度75%发酵约30分钟，至原体积的3倍大。

4.在面剂表面用刀划2个小口，挤上奶油，烘烤23分钟左右，取出即可。

小贴士：刀切洋葱易刺激眼睛，可将其放在冷水里略浸，并把刀浸湿，切起来就不会流眼泪了。

蚂蚁面包

时间：发酵 30 分钟，烘烤 28 分钟

原料

面团：高筋面粉1000克，低筋面粉250克，酵母13克，改良剂3.5克，盐12克，水750毫升

其他：黑芝麻、白芝麻、奶油各适量

美味创作

1.将高筋面粉、低筋面粉、酵母、改良剂放入面包机拌匀；加水，慢速拌匀后改快速搅拌。

2.加盐，慢速拌匀后改快速搅拌，至面筋扩展，可拉出薄膜状，以23℃醒发35分钟。取出面团，分成每个100克的小面剂，滚圆后盖保鲜膜醒发30分钟。

3.将小面剂按压排气，卷成橄榄形，表面扫上少量水，粘上黑芝麻和白芝麻，排入面包机，以温度35℃、湿度70%发酵约30分钟，至原来的3倍左右。

4.用刀在两边各划几个小口，挤上奶油，烘烤28分钟左右，取出即可。

小贴士：奶油不要挤得太多，但要涂抹均匀。

瓜子面包

时间：发酵 30 分钟，
烘烤 26 分钟

原料

高筋面粉750克，全麦粉150克，酵母10克，改良剂3.5克，奶粉25克，白糖35克，水750毫升，盐22克，瓜子仁150克

美味创作

1.将高筋面粉、全麦粉、酵母、改良剂、奶粉、白糖一起放入面包机拌匀；加水，慢速拌匀后改快速搅拌；加盐，慢速拌匀后改快速搅拌，至面筋扩展，可拉出薄膜状。

2.加瓜子仁，慢速拌匀，以23℃醒发35分钟；取出面团，分成每个100克的小面剂，滚圆后盖保鲜膜醒发30分钟。

3.将小面剂压扁排气，卷成橄榄形，捏紧收口，扫少量水，粘上瓜子仁，放入面包机，以温度35℃、湿度70%发酵约30分钟，至原体积的3倍左右。

4.用刀在两侧各划几个小口，烘烤26分钟左右，取出即可。

小贴士：烘烤的面包，如果一次吃不完，可以等面包完全晾凉后（没凉透的面包容易发霉），用保鲜袋包裹，常温下可存放两三天。

腰果仁面包

时间：发酵 35 分钟，烘烤 25 分钟

原料

高筋面粉400克，低筋面粉100克，鸡蛋50克，酵母5克，水225毫升，奶酪50克，盐6克，腰果仁50克

美味创作

1.将高筋面粉、低筋面粉、酵母依次加入搅拌机慢速拌匀；加鸡蛋、奶酪、盐、水，中速搅拌成面团（约用时4分钟，面团温度为28℃），取出后分成每个120克的小面剂，醒发15分钟。

2.将小面剂压扁排气，擀开，放上腰果仁，由上而下卷成形，捏紧收口。

3.放入面包机，以温度35℃、湿度70%发酵约35分钟，至原体积的3倍左右。

4.在中间划一道口，烘烤25分钟左右即可。

小贴士：烘烤的后半段，仔细确认面包的烘烤程度。如果上色不明显，可适当调高温度；如果表面颜色过于鲜艳，可适当降低温度。

燕麦瓜子包

时间：发酵 35 分钟，
烘烤 25 分钟

原料

高筋面粉750克，全麦粉150克，酵母10克，奶粉25克，白糖35克，水750毫升，盐22克，瓜子仁150克，燕麦片适量

美味创作

1.将高筋面粉、全麦粉、酵母、奶粉、白糖混合拌匀；加水，慢速拌匀后改快速搅拌；加盐，慢速拌匀后改快速搅拌，至面筋扩展可拉出薄膜状。

2.加部分瓜子仁，慢速拌匀，待面团温度23℃时，盖保鲜膜，醒发35分钟，分成每份120克的面剂，再醒发15分钟。

3.将面剂搓圆搓紧至表面光滑，沾少量水，粘燕麦片，用刀交叉划一个“十”字形。

4.排入面包机，温度33℃、湿度75%，发酵约35分钟，至原体积的3倍左右，烘烤25分钟左右，取出即可。

小贴士：“十”字形不要划得太深，以免烘烤时面包裂开。

开心果仁面包

原料

面团：高筋面粉750克，全麦粉150克，酵母10克，改良剂3.5克，奶粉25克，白糖35克，水750毫升，盐22克

其他：开心果仁适量

时 间：发 酵 35 分 钟，
烘烤 25 分钟

美味创作

1.将高筋面粉、全麦粉、酵母、改良剂、奶粉、白糖混合拌匀；加水，慢速拌匀后改快速搅拌；加盐，慢速拌匀，后改快速搅拌，至面筋扩展可拉出薄膜状。

2.加部分开心果仁，慢速拌匀，待面团温度23℃时，盖保鲜膜，醒发35分钟，分成每份100克的面剂，再醒发15分钟。

3.将面剂压扁排气，轻轻卷成棍形，放上开心果仁，卷起成形，捏紧收口，中间剪2个小口。

4.放入面包机，以温度35℃、湿度70%发酵约35分钟，至原体积的3倍左右，烘烤25分钟左右，取出即可。

小贴士：仅基本材料面粉、盐、酵母、水制成的面团，分割宜在 20 分钟内完成；除四大基本材料外油脂、乳制品、鸡蛋等成分较高的面团，则不受时间限制。

杂粮燕麦面包

时间：发酵 30 分钟，烘烤 20 分钟

原料

高筋面粉500克，大豆粉25克，改良剂3克，酵母5克，白糖25克，盐10克，奶粉20克，奶油25克，水300毫升，黑芝麻10克，花生碎25克，杏仁片50克，核桃碎50克，燕麦片适量

美味创作

1.将高筋面粉、大豆粉、改良剂、酵母、白糖、盐、奶粉放入面包机，慢速拌匀；加水，慢速拌匀后转中速拌至面筋扩展；加奶油，慢速拌匀后转快速搅拌至可拉出薄膜状。

2.加黑芝麻、花生碎、杏仁片、核桃碎，慢速拌匀（面团温度为28℃）。

3.取出面团，盖上保鲜膜，常温醒发30分钟，分成每个120克的小面剂，轻轻滚圆，不用滚得太紧，盖保鲜膜松弛20分钟左右。

4.面剂松弛后，拍扁排气，卷成橄榄形，在表面粘上燕麦片，排入面包机，温度35℃、湿度80%发酵30分钟至，原体积的3倍左右，烘烤约20分钟即可。

小贴士：杏仁一般分为甜杏仁和苦杏仁或者南杏仁和北杏仁，两者营养成分差不多，主要是口味的区别，一甜一苦。

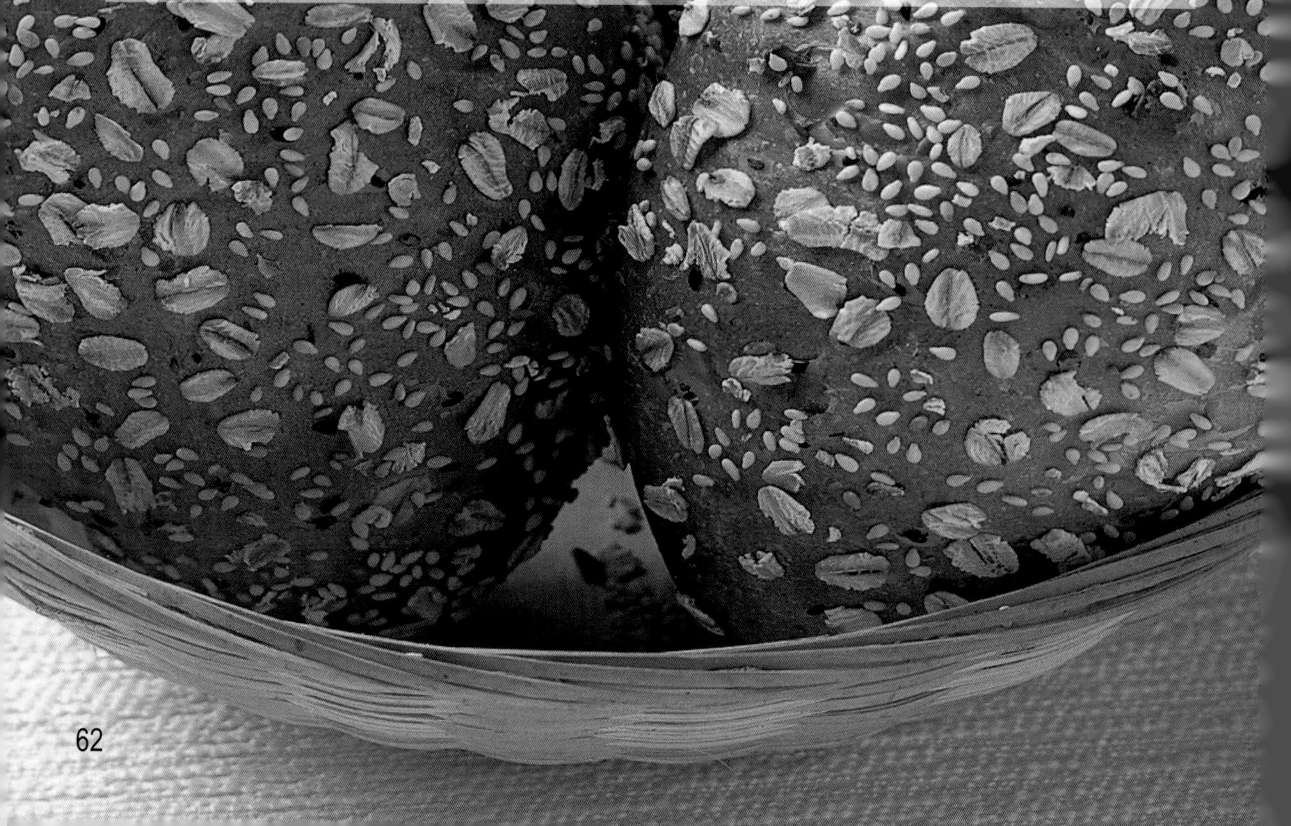

香橙面包

时间：发酵 30 分钟，烘烤 15 分钟

原料

高筋面粉800克，低筋面粉200克，盐20克，酵母12克，改良剂6克，奶油100克，乳酪粉10克，水500毫升，香橙油、香橙果酱各适量

美味创作

1.将高筋面粉、低筋面粉、盐、酵母、改良剂、乳酪粉放入面包机，慢速拌匀；加水、香橙油，先慢后快搅拌至面筋扩展。

2.加奶油，慢速拌匀后转中速搅拌，至面团可拉出薄膜状（面团温度为28℃），醒发30分钟。

3.取出面团，分成每个100克的小面剂，滚圆，不用滚得太紧，盖上保鲜膜松弛15分钟，擀开，由上而下卷成橄榄形，捏紧收口。

4.在表面均匀划出弯刀口，间隔排入面包机，温度35℃、湿度75%发酵30分钟，至原体积的3倍左右。

5.把原来的刀口划深点，挤上香橙果酱，烘烤约15分钟左右即可。

小贴士：第二次划口子时，只需稍微划开一点，切勿太深。

乳酪面包

时间：发酵 30 分钟，
烘烤 18 分钟

原料

奶油50克，白糖80克，盐10克，芝士粉50克，鸡蛋50克，奶粉40克，酵母10克，冰水300毫升，低筋面粉70克，高筋面粉600克，白芝麻、黑椒酱各适量

美味创作

1.将白糖、酵母、芝士粉、盐、低筋面粉、高筋面粉、奶粉放入面包机内，慢速拌匀，加鸡蛋、冰水，先慢后快搅拌至面筋扩展，加奶油，慢速拌匀后转中速搅拌。
2.搅拌至可拉出薄膜状，温度28℃醒发30分钟，取出面团，分成每个120克的小面剂，滚圆，盖保鲜膜松弛20分钟。
3.将面剂擀开，由上而下卷起成橄榄形，捏紧收口，表面粘上白芝麻，排入面包机，温度35℃、湿度70%发酵30分钟，至原体积的3倍左右。
4.在面团中间划一刀，在刀口处挤上奶油、黑椒酱，烘烤约18分钟即可。

小贴士：面团筋度不用搓揉得太紧。

黑麦面包

时间：发酵 60 分钟，
烘烤 18 分钟

原料

高筋面粉1500克，黑芝麻240克，黑麦水150毫升，酵母24克，全麦粉300克，水1100毫升，白糖28克，盐40克，白芝麻适量

美味创作

1.将高筋面粉、白糖、酵母、全麦粉、盐放入面包机，慢速拌匀；加黑麦水、水，慢速转中速搅拌至面筋扩展，转快速搅拌至面团可拉出薄膜状。
2.加黑芝麻，慢速拌匀（面团温度为26℃），醒发20分钟，取出面团，分成每个150克的小面剂，适当滚圆，不用滚得太紧，盖保鲜膜松弛20分钟。
3.松弛完成后擀开，由上而下卷起成棍状，捏紧收口，轻轻向两端搓开搓实，粘上白芝麻。
4.排入面包机发酵60分钟，温度35℃、湿度75%，至原体积的3倍左右，烘烤约18分钟即可。

小贴士： 鉴别染色黑芝麻：将黑芝麻放在手心，如果手心很快出现黑色，说明黑芝麻可能是被染色了。

香芋可松包

时间：发酵 70 分钟，烘烤 17 分钟

原料

香芋馅：蒸熟香芋500克，白糖200克，奶油100克，奶粉50克，香芋色香油适量

面团：高筋面粉850克，低筋面粉275克，白糖135克，鸡蛋100克，奶粉20克，酵母13克，水600毫升，改良剂3克，盐16克，奶油100克

美味创作

香芋馅料制作：

熟香芋中加白糖、奶油、奶粉、香芋色香油，充分搅拌，制成香芋馅。

面包制作：

1.将高筋面粉、低筋面粉、盐、改良剂、酵母、奶粉、白糖放入面包机，慢速拌匀，加鸡蛋、水，慢速拌匀；转中速搅拌至面筋扩展（约4分钟）。

2.加奶油，慢速拌匀后转中速搅拌至可拉出薄膜状，放入面包机，以30℃醒发60分钟，取出，按压排气，搓实，分成每个60克的小面剂，滚圆，盖保鲜膜，松弛20分钟。

3.将松弛好的小面剂擀开，擀成长方形，约0.5厘米厚，用带齿铁模印出面皮，放上香芋馅，包成圆形，捏紧收口，用刀在上面交叉划2刀。

4.放入面包机，温度33℃、湿度75%，发酵约70分钟，至原体积的2倍左右，扫上鸡蛋液，烘烤17分钟左右，取出即可。

小贴士：香芋不宜过多食用，易引起气闷或胃肠积滞。

咖啡提子包

时间：发酵 60 分钟，
烘烤 18 分钟

原料

高筋面粉1000克，白糖160克，鸡蛋200克，淡奶80毫升，水450毫升，咖啡15克，酵母12克，改良剂7克，奶粉30克，盐10克，奶油130克，核桃碎100克，提子干、瓜子仁各适量

美味创作

1. 将白糖、咖啡、淡奶、水放入面包机，搅拌至糖溶化；加鸡蛋，搅拌均匀；加高筋面粉、酵母、改良剂、奶粉，慢速拌匀后转快速搅拌至面筋度七成。
2. 加奶油、盐，慢速拌匀，再快速搅拌至面筋扩展；加核桃碎，慢速拌匀，醒发 30 分钟。
3. 将面团分成每个 70 克的小面剂，把面剂滚圆，不要滚得太紧，放入面包机，以温度 35℃、湿度 80% 松弛 20 分钟左右。
4. 将面剂压扁排气，放上提子干，卷起成形，放入面包机，温度 36℃、湿度 75% 发酵 60 分钟左右，至原体积的 3 倍左右。
5. 在面剂表面用刀划 3 个小口，扫上鸡蛋液，撒上瓜子仁，烘烤 18 分钟左右，取出即可。

小贴士：咖啡不宜经常食用，以免影响钙的吸收。

咖喱鸡肉面包

原料

鸡肉馅： 鸡肉500克，洋葱250克，生抽6毫升，味精5克，盐8克，咖喱粉10克，青豆粒50克，色拉油适量

面团： 高筋面粉1000克，盐10克，香粉1克，改良剂3克，白糖200克，酵母10克，奶油100克，奶粉40克，鸡蛋100克，水500毫升，面包糠适量

时间：发酵 60 分钟，
油炸 5 分钟

美味创作

鸡肉馅制作：

鸡肉洗净，去骨，切丁，入色拉油锅中，加生抽、味精、盐、咖喱粉炒匀，加洋葱丁、青豆粒炒熟，取出后冷却。

面包制作：

1.将高筋面粉、盐、改良剂、酵母、香粉、奶粉、白砂糖放入面包机搅拌，慢速拌匀；加鸡蛋、水，慢速拌匀，转中速搅拌至面筋扩展（约4分钟）。

2.加奶油，慢速拌匀后转中速搅拌至可拉出薄膜状，放入面包机，以30℃醒发60分钟，取出，按压排气，搓实，分成每个60克的小面剂，滚圆，盖保鲜膜，松弛20分钟。

3.将松弛完成的面团擀开，包入鸡肉馅，捏紧收口，并捏成三角形，粘上面包糠，排入面包机发酵60分钟，温度35℃、湿度80%，至原体积的3倍左右。

4.将色拉油烧至160℃，放入面剂，炸5分钟至两面金黄色即可。

小贴士： 炸面包的时候，用筷子来回翻动，至两面呈金黄色为宜。

啡味核桃香包

时间：发酵 20 分钟，烘烤 15 分钟

原料

核桃皮：鸡蛋100克，白糖180克，蛋糕油2克，低筋面粉80克，泡打粉2克，核桃碎50克，椰蓉40克

面团：高筋面粉1000克，白糖160克，鸡蛋200克，淡奶80毫升，水450毫升，咖啡15克，酵母12克，改良剂7克，奶粉30克，盐10克，奶油130克，核桃碎100克

其他：香酥粒适量

美味创作

核桃皮制作：

将鸡蛋、白糖、蛋糕油拌匀，加低筋面粉、泡打粉打发，加核桃碎、椰蓉拌匀。

面包制作：

1.将白糖、咖啡、淡奶、水放入面包机，搅拌至糖溶化；加鸡蛋，搅拌均匀；加高筋面粉、酵母、改良剂、奶粉，慢速拌匀后转快速搅拌至面筋度七成。

2.加奶油、盐，慢速拌匀后快速搅拌至面筋扩展；加核桃碎，慢速拌匀，醒发30分钟。

3.取出面团，分成每个65克的小面剂，滚圆，不要滚得太紧，放入面包机，以温度35℃、湿度80%发酵20分钟左右，至原体积的3倍左右。

4.放上核桃皮，撒上香酥粒，烘烤15分钟左右，取出即可。

小贴士：食谱上的时间一般仅供参考，湿度高会延长烘烤时间，所以要考量当天的气温、湿度等因素。

啡香核桃条

时间：发酵 100 分钟，烘烤 15 分钟

原料

高筋面粉1000克，白糖160克，鸡蛋200克，淡奶80毫升，水450毫升，咖啡15克，酵母12克，改良剂7克，奶粉30克，盐10克，核桃碎100克，奶油130克，鸡蛋液适量

美味创作

1. 将白糖、咖啡、淡奶、水放入面包机，搅拌至糖溶化；加鸡蛋，搅拌均匀；加高筋面粉、酵母、改良剂、奶粉、盐，慢速拌匀后转快速搅拌至面筋度七成，至面筋扩展，醒发 30 分钟。
2. 取出面团，分成每个 65 克的小面剂，滚圆，放入面包机，以温度 35℃、湿度 80% 松弛 20 分钟左右。
3. 将小面剂压扁排气，放入核桃碎，卷成长条形，放入面包机，温度 38℃、湿度 70% 发酵 100 分钟左右，至原体积的 3 倍左右。
4. 在面剂表面用刀划 3 个小口，刷上鸡蛋液，挤上奶油，烘烤 15 分钟左右，取出即可。

小贴士： 滚面团时，不要滚得太紧。

芝士香菇包

时间：发酵 20 分钟，烘烤 15 分钟

原料

高筋面粉1000克，白糖160克，鸡蛋200克，淡奶80毫升，水450毫升，咖啡15克，酵母12克，改良剂7克，奶粉30克，盐10克，奶油130克，核桃碎100克，沙拉酱、香菇丁、芝士片各适量

美味创作

1.将白糖、咖啡、淡奶、水放入面包机，搅拌至糖溶化；加鸡蛋，搅拌均匀；加高筋面粉、酵母、改良剂、奶粉，慢速拌匀后转快速搅拌至面筋度七成。

2.加奶油、盐，慢速拌匀后快速搅拌至面筋扩展，加核桃碎、香菇丁，慢速拌匀，醒发30分钟。

3.取出面团，分成每个65克的小面剂，压扁排气，滚圆，放入面包机，以温度35℃、湿度80%发酵20分钟左右，至原体积的3倍左右。

4.扫鸡蛋液，挤沙拉酱，放上两块芝士片，烘烤15分钟左右，取出即可。

小贴士： 香菇为动风食物，顽固性皮肤瘙痒症患者忌食。

芝士排包

时间：发酵 100 分钟，烘烤 18 分钟

原料

高筋面粉650克，低筋面粉175克，白糖113克，鸡蛋180克，改良剂8克，盐10克，奶粉45克，酵母10克，奶油芝士100克，鲜奶75毫升，水185毫升，奶油100克，香酥粒、芝士粉

美味创作

1. 将高筋面粉、低筋面粉、奶粉、酵母、改良剂、白糖放入面包机里拌匀；加鲜奶、水、鸡蛋，慢慢搅拌均匀。
2. 转快速搅拌至面筋八成左右，再加入奶油芝士、盐、奶油，转慢速搅拌均匀，再快速搅拌至可拉出薄膜状，醒发 20 分钟左右。
3. 取出面团，分成每个 40 克的小面剂，滚圆（不要滚得太紧），放入面包机，以温度 35℃、湿度 80% 醒发 20 分钟左右。
4. 将面剂擀压，卷起成形，放入面包机，温度 37℃、湿度 75% 发酵 100 分钟左右，至原体积的 3 倍左右。
5. 刷鸡蛋液，撒香酥粒、芝士粉，烘烤 18 分钟左右，取出即可。

小贴士： 鲜奶是指牛奶脱离牛体 24 小时之内的牛奶，也可用纯牛奶代替。

燕麦法包

原料

高筋面粉 500 克，低筋面粉 125 克，酵母 6 克，盐 5 克，水 375 毫升，燕麦片、奶油各适量

时间：发酵 10 分钟，
烘烤 15 分钟

 美味创作

1.将高筋面粉、低筋面粉、酵母混合搅拌；加盐，慢速搅拌；加水，慢速搅拌后转快速搅拌，至面筋扩展，表面光滑。25℃时，盖保鲜膜，醒发约30分钟。

2.将面团分成每个120克的小面剂，盖保鲜膜再醒发30分钟。

3.将小面剂压扁排气，卷成橄榄形，捏紧收口，扫上水，粘上燕麦片，放入面包机，温度36℃、湿度为75%发酵约10分钟，至原体积的2.5倍大。

4.在面包表面用刀斜划两道小口，挤上奶油，烘烤15分钟左右，取出即可。

小贴士：水的添加量关系到面团的软硬程度。含水量越大的面团，越容易揉出面筋。不同品种、面筋的面粉，吸水量也不同，因此配方的水量仅供参考。

芝麻法包

时间：发酵 30 分钟，烘烤 20 分钟

原料

高筋面粉400克，低筋面粉100克，酵母6克，盐5克，水325毫升，黑芝麻、白芝麻各适量

美味创作

1.将高筋面粉、低筋面粉、酵母、盐、水放入面包机慢速拌匀，再转中速搅拌至完成（约4分钟，面团温度28℃），盖保鲜膜，常温醒发30分钟。

2.将面团分成每个120克的小面剂，轻轻卷成棍形，盖保鲜膜松弛30分钟，然后拍扁排气，由上而下卷成圆形，表面粘上黑芝麻和白芝麻。

3.放进面包机，温度35℃、湿度80%发酵30分钟，至原体积的2.5倍左右。

4.在表面轻轻划一刀，烘烤约20分钟即可。

小贴士： 法包作为主食，可以切片加入大蒜等调味，然后涂抹黄油再烘烤至酥脆；也可以蘸食西餐汤汁。

地中海面包

时间：发酵 35 分钟，烘烤 20 分钟

原料

高筋面粉400克，低筋面粉100克，酵母6克，盐5克，水300毫升，糖粉适量

美味创作

1. 将高筋面粉、低筋面粉、酵母、盐、水放入面包机慢速拌匀，再转中速搅拌至完成（约 4 分钟，面团温度 28℃）。
2. 面团醒发后，轻轻挤压排出气泡，取出分成小面剂，揉成圆形，再松弛 15 分钟。
3. 将面剂压平，擀成比较扁的椭圆形，由上至下将两边稍微往里收，卷好后，收口，搓成圆形面剂，放入面包机，温度 35℃、湿度 80% 发酵至原体积的 2 倍左右，约 35 分钟。
4. 在表面划出网格状口子，喷点水，筛上糖粉，烘烤 20 分钟即可。

小贴士： 一般习惯是先把干酵母溶于湿性材料中，比如水、牛奶等，等到酵母全部融化后再加入其他材料中（步骤 1 遵循此原则）。

短法包

时间：发酵 35 分钟，
烘烤 20 分钟

原料

高筋面粉200克，低筋面粉50克，水160毫升，白糖5克，黄油5克，盐5克

美味创作

1.将除黄油外所有材料倒入面包机搅拌，20分钟后，放黄油，继续进行揉面。

2.将面团醒发后，用手轻轻挤压排出气泡，取出，分成所需份数，揉成圆形，再进行15分钟的松弛。

3.将面剂压平，擀成椭圆形，由上至下将两边稍微往里收，卷好后收口，搓成长柱形面团，放入面包机，温度35℃、湿度80%发酵约35分钟，至原体积的2倍左右。

4.在面剂表面划出几道斜口子，喷水，筛上面粉，烘烤20分钟，期间每隔5分钟往面包机里面喷一次水，面包上色取出，放凉。

小贴士： 法式面包的烘烤要注意带蒸汽烤，开始烘烤时要往面包机里喷几次水，这样烤出的面包表面才不会太硬太干。

燕麦核桃小法包

时间：发酵 30 分钟，烘烤 20 分钟

原料

高筋面粉 800 克，低筋面粉 200 克，酵母 12 克，盐 10 克，水 650 毫升，燕麦片、核桃粉各适量

美味创作

1. 将高筋面粉、低筋面粉、酵母、盐、水、核桃粉放入面包机，慢速拌匀后转中速搅拌成面团。
2. 在面团上盖保鲜膜，常温醒发 30 分钟，分成每个 150 克的小面剂。
3. 在案板上撒些面粉，把小面剂轻轻卷成棍形，盖保鲜膜松弛 30 分钟，然后用手掌拍扁排气，由上而下卷成小椭圆形，表面粘上燕麦片。
4. 放入面包机，温度 35℃、湿度 80% 发酵 30 分钟，至原体积的 2.5 倍左右，烘烤约 20 分钟即可。

小贴士： 步骤 1 中大约搅拌 4 分钟，面团温度为 28℃。

燕麦小餐包

原料

高筋面粉 900 克，玉米淀粉 100 克，红糖 150 克，盐 5 克，奶粉 20 克，蛋牛奶浆 20 克，鸡蛋 90 克，水 550 毫升，酥油 100 克，酵母 10 克，沙拉酱、燕麦片各适量

时间：发酵 90 分钟，烘烤 25 分钟

美味创作

1.先把高筋面粉、玉米淀粉、红糖、盐、奶粉、蛋牛奶浆、鸡蛋、水、酥油、酵母依次加入面包机搅拌。

2.加入燕麦片搅拌，搅拌至九成筋度，转慢速搅拌，1分钟左右形成面团（面团温度28℃），在面团上盖保鲜膜，常温松弛15分钟，然后分成每个50克的小面剂。

3.把面团擀开，用手掌压扁展开，顶端边缘向内折，由上而下慢慢卷入，捏紧收口成橄榄形。

4.粘上燕麦片，放入面包机发酵90分钟，取出，表面挤沙拉酱，撒燕麦片，放入面包机烘烤25分钟，熟透即可。

小贴士：撒燕麦片时，必须先刷好沙拉酱，使面团表面产生黏性后再撒，否则会粘不住。

蒜香法式面包

时间：发酵 90 分钟，烘烤 25 分钟

原料

高筋面粉400克，低筋面粉100克，酵母5克，水225毫升，黑芝麻、蒜泥各适量

美味创作

1.将高筋面粉、低筋面粉、酵母依次加入面包机内慢速拌匀；把水慢慢加入搅拌机内搅拌，中速搅拌成面团（约4分钟，面团温度28℃）。

2.在面团上盖保鲜膜，常温醒发30分钟，然后分成每个50克的小面剂。

3.把面剂擀开，由上向下卷入，捏紧收口成橄榄形，表面粘上黑芝麻，放入面包机发酵90分钟。

4.把发酵好的半成品取出，在表面中间切一刀，展开切口，挤上蒜泥，粘上黑芝麻，再放入面包机烘烤25分钟，熟透即可。

小贴士：黑芝麻一定要粘得均匀。

胡萝卜餐包

时间：发酵 40 分钟，烘烤 10 分钟

原料

高筋面粉500克，低筋面粉150克，胡萝卜丝90克，水200毫升，鸡蛋75克，白糖80克，盐6克，酵母8克，奶粉20克，黄油70克，鸡蛋液适量

美味创作

1.把除鸡蛋液外的材料混合均匀，揉成面团，并揉至扩展阶段，以28℃醒发1个小时。2.把面团里的气体压出，分成每个50克的小面剂，分别揉成圆形，室温下醒发15分钟，在撒了干面粉的案板上搓成小圆形。

3.把整好形的面剂放入面包机，以温度38℃、湿度85%发酵约40分钟，至原体积的2倍。

4.在表面刷上一层鸡蛋液，放入面包机，烘烤10分钟左右，至表面呈金黄色即可。

小贴士： 也可以将胡萝卜丝换成胡萝卜汁，即把胡萝卜放入搅拌机中打成汁，与面团一起混合。

芥菜餐包

时间：发酵 90 分钟，烘烤 12 分钟

原料

高筋面粉500克，白糖75克，酵母8克，盐5克，鸡蛋50克，芥菜水250毫升，酥油50克，沙拉酱适量

美味创作

1.将高筋面粉、白糖、酵母、盐依次加入面包机内，搅拌均匀；依次加入鸡蛋、芥菜水，搅拌。

2.将酥油加入搅拌机内，搅拌至七成筋度，直至拌成纯滑面团（面团温度28℃），醒发1小时。3.把面团里的气体压出，分成每个60克的小面剂，搓圆，放入面包机发酵90分钟，至原体积的2倍。

4.取出面剂，表面挤上沙拉酱，放入面包机，烘烤12分钟，熟透即可。

小贴士： 可以直接将芥菜放进榨汁机榨成芥菜水，也可以放入热水中煮成汁。

黑麦杂粮面包

时间：发酵 90 分钟，烘烤 25 分钟

原料

高筋面粉900克，杂粮粉100克，红糖150克，盐5克，奶粉20克，鸡蛋90克，水550毫升，酥油100克，酵母10克，瓜子仁300克，沙拉酱、黑麦片各适量

美味创作

1. 把高筋面粉、杂粮粉、红糖、盐、奶粉、鸡蛋、水、酥油、酵母依次加入面包机搅拌；加瓜子仁，搅拌至九成筋度后转入慢速搅拌，1 分钟后即形成面团（面团温度 28℃）。
2. 搅拌好的面团松弛 15 分钟，按压排气，分成每个 120 克的小面剂，压扁展开，顶端边缘向内折，由上而下慢慢卷入，捏紧收口成橄榄形。
3. 把整好造型的半成品粘上黑麦片，放入面包机，发酵 90 分钟。
4. 取出面剂，表面挤上沙拉酱，放入面包机，烘烤 25 分钟，熟透即可。

小贴士： 面团筋度搅拌至九成为宜。

咖啡餐包

时间：发酵 90 分钟，烘烤 25 分钟

原料

高筋面粉500克，全麦粉100克，白糖25克，水300毫升，鸡蛋20克，牛奶8毫升，酵母7克，猪油25克，盐5克，咖啡10克，麦片适量

美味创作

1.把白糖、水、鸡蛋、牛奶、高筋面粉、全麦粉、酵母依次加入面包机搅拌。

2.依次加入猪油、盐、咖啡，搅拌至九成筋度后转入慢速搅拌，1分钟后即形成面团（面团温度28℃），松弛15分钟。

3.松弛好的面团按压排气，分成每个120克的小面剂，擀开，顶端边缘向内折，由上而下慢慢卷入，捏紧收口成橄榄形，搓成长条状，粘上麦片。

4.放入面包机发酵90分钟，取出，表面用刀均匀切出三个口，放入面包机烘烤25分钟，熟透即可。

小贴士：咖啡可以是现成的，也可以自己磨，但都要过筛。

QQ 小馒头

时间：发酵 15 分钟，烘烤 15 分钟

原料

高筋面粉250克，白糖15克，盐4克，酵母3克，牛奶120毫升，黄油30克，鸡蛋40克

美味创作

1. 牛奶放入锅中，加热至略温关火；放入酵母搅拌均匀，成为酵母水；鸡蛋打散备用。
2. 高筋面粉、白糖、盐混合，加 30 克鸡蛋液、酵母水混合拌匀，和成面团，加软化的黄油，继续揉面，至能拉出透明薄膜状。
3. 将揉好的面团放进容器中，盖保鲜膜，醒发后分成每份约 20 克的小面剂，滚圆，盖保鲜膜松弛 15 分钟。
4. 将小面剂擀成圆形面片，从上端向内卷起，成小椭圆形，收口向下，排入烤盘，盖保鲜膜，再发酵 15 分钟，至原体积的 2 倍。
5. 在发酵完成的面包坯上刷鸡蛋液，放入面包机，烘烤 15 分钟即可。

小贴士： 面团分成小份面剂时，应尽量保持均匀一致。

菲律宾面包

原料

面团500克，白糖175克，牛奶香粉5克，三花奶50毫升，鸡蛋100克，酵母10克，泡打粉7克，高筋面粉175克，低筋面粉400克，牛油100克

时间：发酵 90 分钟，烘烤 25 分钟

美味创作

1.将面团、酵母、白糖、牛奶香粉、三花奶、鸡蛋、泡打粉、高筋面粉、低筋面粉依次加入面包机，慢速拌匀后转快速搅拌至面筋扩展。

2.加牛油，慢速转快速搅拌，至面团表面光滑，可拉出薄膜状，再慢速搅拌1分钟，令面筋稍作舒缓。

3.面团搅拌完成后温度在26～28℃，醒发15分钟，分成每个60克的小面剂，松弛15分钟。

4.把面剂取出，压扁展开，面皮上端边缘向内折，由上而下慢慢卷入，捏紧收口成橄榄形。

5.摆入烤盘，放入发酵箱发酵90分钟，取出，表面刷上鸡蛋液，用刀均匀切开三个口放入面包机，烘烤25分钟，熟透即可。

小贴士：牛油不宜多食，否则有诱发旧病老疮等隐患。

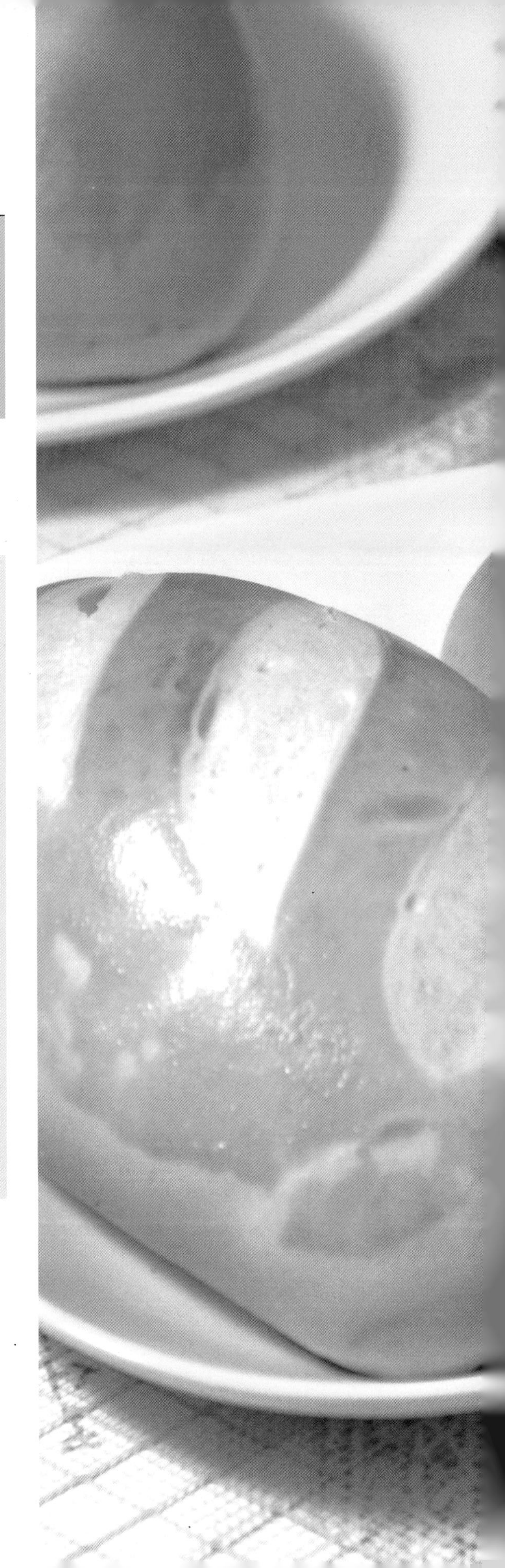

奶酥面包

时间：发酵 90 分钟，烘烤 20 分钟

原料

面团500克，白糖175克，牛奶香粉5克，三花奶50毫升，鸡蛋100克，酵母10克、泡打粉7克，高筋面粉175克，低筋面粉400克，牛油100克，香酥粒适量

美味创作

1.将面团、酵母、白糖、牛奶香粉、三花奶、鸡蛋、泡打粉、高筋面粉、低筋面粉依次加入面包机，慢速拌匀后转快速搅拌至面筋扩展。
2.加牛油，慢速转快速搅拌，至表面光滑可拉出薄膜状，再慢速搅拌1分钟，令面筋稍作舒缓。
3.面团搅拌完成后温度在26～28℃，醒发15分钟，分成每个60克的小面剂，松弛15分钟。
4.将面剂取出，搓圆，摆入烤盘，放入发酵箱发酵90分钟。
5.取出，表面用切刀切出“十”字形，放上香酥粒，放入面包机，烘烤20分钟，熟透即可。

小贴士：分割后的面剂不能立即成形，可将其置于掌心，手掌握住在案板表面不停旋转，使其外表形成一层光滑表皮后搓圆。

奶油燕麦法包

时间：发酵 10 分钟，烘烤 15 分钟

原料

高筋面粉500克，低筋面粉125克，酵母6克，盐5克，水375毫升，燕麦片、奶油各适量

美味创作

1. 将高筋面粉、低筋面粉、酵母混合搅拌；加盐，慢速搅拌；加水，慢速搅拌，再转快速搅拌，至面筋扩展，表面光滑，面团 25℃时，盖保鲜膜，醒发约 30 分钟。
2. 将面团分成每个约 120 克的小面剂，松弛 15 分钟，压扁排气，卷成橄榄形，捏紧收口，表面刷上水，粘上燕麦片。
3. 排入发酵箱，温度 36℃、湿度 75% 发酵约 10 分钟，至原体积的 2 倍。
4. 在面包表面用刀斜划两道小口，挤上奶油，放入面包机烘烤 15 分钟左右，出炉即可。

小贴士： 如果面团发酵过度或发酵温度太高，面团会变得黏稠，凹痕不会恢复，且面团难以操作，并带有酸味。

招牌面包

时间：发酵 90 分钟，烘烤 25 分钟

原料

牛奶275毫升，白糖75克，盐5克，高筋面粉500克，酵母7克，牛奶香粉5克，牛油40克，糖粉适量

美味创作

1.将牛奶、白糖、盐依次放入面包机，搅拌均匀；加高筋面粉、酵母、牛奶香粉，搅拌均匀。

2.加牛油，慢速拌匀后转中速，至表面光滑，可拉出薄膜状，再慢速搅拌1分钟，令面筋稍作舒缓，直至面团形成，温度在26～28℃，醒发15分钟。

3.将面团分成每个120克的小面剂，松弛15分钟，取出，擀开，把面剂上端边缘向内折，由上而下慢慢卷入，捏紧收口成条状。

4.放入发酵箱发酵90分钟，取出，表面用刀均匀斜切出3个口，在切口处挤上牛油。

5.放入面包机，烘烤25分钟，熟透后取出，冷却后撒上糖粉即可。

小贴士：放置在冰箱冷藏可以使面包在几天内不变质，但是过低的温度也会加速面粉中淀粉的老化，使其口感变得又干又硬。

红豆相思

时间：发酵 90 分钟，烘烤 15 分钟

原料

高筋面粉500克，白糖100克，酵母5克，盐5克，鸡蛋50克，水275毫升，酥油50克，奶油、红豆各适量

美味创作

1. 将高筋面粉、白糖、酵母、盐依次加入面包机，慢速搅拌均匀；加鸡蛋、水，慢速拌匀转中速搅拌至面筋展开。

2. 加酥油，慢速拌匀后转中速搅拌，至面团表面光滑、可拉出薄膜状的，再慢速搅拌 1 分钟，令面筋稍作舒缓。

3. 面团搅拌完成后温度在 26 ~ 28℃，松弛 15 分钟，取出面团，分成每个 60 克的小面剂。

4. 将面剂擀薄成上圆下方的皮，抹奶油，铺煮熟的红豆，从上往下卷起，从中间纵向切开，顶部相连，扭花再折回两边，放入模具。

5. 将面团放入发酵箱，温度 36℃、湿度 75% 发酵约 90 分钟，取出，在表面刷上鸡蛋液，放入面包机，烘烤 15 分钟左右。

小贴士： 扭花时稍微扭得紧些，这样面包就不会显得松散。

提子奶酥

原料

高筋面粉 500 克，白糖 100 克，酵母 5 克，盐 5 克，鸡蛋 50 克，水 275 毫升，酥油 50 克，奶酥、葡萄干、香酥粒各适量

时间：发酵 90 分钟，烘烤 15 分钟

美味创作

1.将高筋面粉、白糖、酵母、盐依次加入面包机，慢速搅拌均匀；加鸡蛋、水，慢速拌匀后转中速搅拌，至面筋展开。

2.加酥油，慢速拌匀后转中速搅拌，至面团表面光滑，可拉出薄膜状，再慢速搅拌1分钟，令面筋稍作舒缓。

3.面团搅拌完成后温度在26～28℃，松弛15分钟，取出面团，分成每个80克的小面剂。

4.小面剂搓圆，按出小窝包入奶酥，收口，擀薄，铺上葡萄干，卷起，从中间剖开，编成辫子状，两条黏合成一个，放入模具。

5.放入发酵箱，温度36℃、湿度75%发酵约90分钟。

6.发酵完成后，表面刷鸡蛋液，撒香酥粒，放入面包机烘烤15分钟左右即可。

小贴士：较大面团搓圆动作：双手拿住面团，指尖和揉面台中央夹住一部分面团，从对面把面团滚拉到自己一边，每次滚拉时变换一次角度，然后放回对面。

葡萄小枕

时间：发酵 20 分钟，烘烤 15 分钟

原料

高筋面粉250克，牛奶120毫升，蜂蜜10毫升，鸡蛋50克，奶粉10克，黄油25克，盐3克，酵母5克，葡萄干30克

美味创作

1.把高筋面粉、牛奶、鸡蛋、奶粉、黄油、盐、酵母搅拌均匀，揉成面团，揉至能拉出薄膜的扩展阶段，盖保鲜膜醒发约20分钟。
2.将面团分成每个65克的小面剂，盖保鲜膜松弛20分钟左右。
3.将小面团擀成长椭圆形，表面刷蜂蜜，铺上浸泡好的葡萄干，竖向卷起。
4.卷好的面包划斜口，放置温暖潮湿处发酵20分钟至原来的2倍大小，表面刷蛋黄液，放入面包机烘烤15分钟，至表面呈金黄色即可。

小贴士： 在微波炉或烤箱内放杯热水，就可以使其成为温暖潮湿的烘烤环境。

丹麦果香

时间：发酵 75 分钟，烘烤 17 分钟

原料

高筋面粉850克，低筋面粉275克，白糖135克，鸡蛋100克，奶粉20克，酵母13克，水600毫升，奶油100克，盐、葡萄干各适量

美味创作

1. 将白糖、水、鸡蛋混合搅拌至溶化，加高筋面粉、低筋面粉、奶粉、酵母慢速拌匀后转快速搅拌，2 分钟后，再加奶油、盐转慢速拌匀。
2. 快速拌至面筋扩展且表面光滑，分成每个 60 克的小面剂，压扁成长方形，盖上保鲜膜，放入冰箱冷藏 30 分钟。
3. 取出面剂，擀开，放上片状奶油，擀开，折三折，轻轻擀平整，如此反复操作三次，用保鲜膜包好，放入冰箱冷藏 30 分钟左右，取出，擀开成长方形，厚度为 0.5 厘米，刷上鸡蛋液，由上而下卷成条状。
4. 排入盘中，温度35℃、湿度70%发酵约75分钟，至原体积的3倍，刷上鸡蛋液，撒上葡萄干，放入面包机烘烤 17 分钟即可。

小贴士：葡萄干先洗净，再浸泡一会。

丹麦牛角包

原料

高筋面粉 200 克，低筋面粉 50 克，牛奶 150 毫升，酵母 6 克，盐 5 克，白糖 30 克，鸡蛋 50 克，黄油 125 克

时间：发酵 20 分钟，烘烤 12 分钟

 美味创作

1.牛奶煮沸，冷却至温热，加酵母搅拌成酵母水，鸡蛋打散。

2.将高筋面粉、低筋面粉、盐、白糖、25克黄油混合，加40克鸡蛋液、酵母水，搅匀，揉成面团至稍有筋度，用保鲜膜包好，进行醒发。

3.将100克黄油放入保鲜袋，擀成长方形，放入冰箱冷藏；醒发完成的面团擀成长方形面片，约黄油片的3倍长，略宽。

4.将黄油片放在面片中央，面片两边向中央折起包住黄油片，上下两端捏紧，擀成长方形，再折起捏紧，放入冰箱冷藏室20分钟。

5.取出面片，重复上述折叠，完成最后一次三折，擀成厚0.4厘米、宽10厘米、长20厘米的面片，切成8厘米长的等边三角形。

6.在面片底边中央切一刀，两边向上翻起，慢慢向上卷起，快卷至顶部时，在面片小尖处刷上鸡蛋液，全部卷起，成牛角状面包坯，码入烤盘，再发酵20分钟。

7.在面团表面刷鸡蛋液，放入烤箱烘烤12分钟即可。

小贴士： 卷好的面包坯码入烤盘时，面包坯之间要留出一定的间隔，以免发酵后粘连在一起。

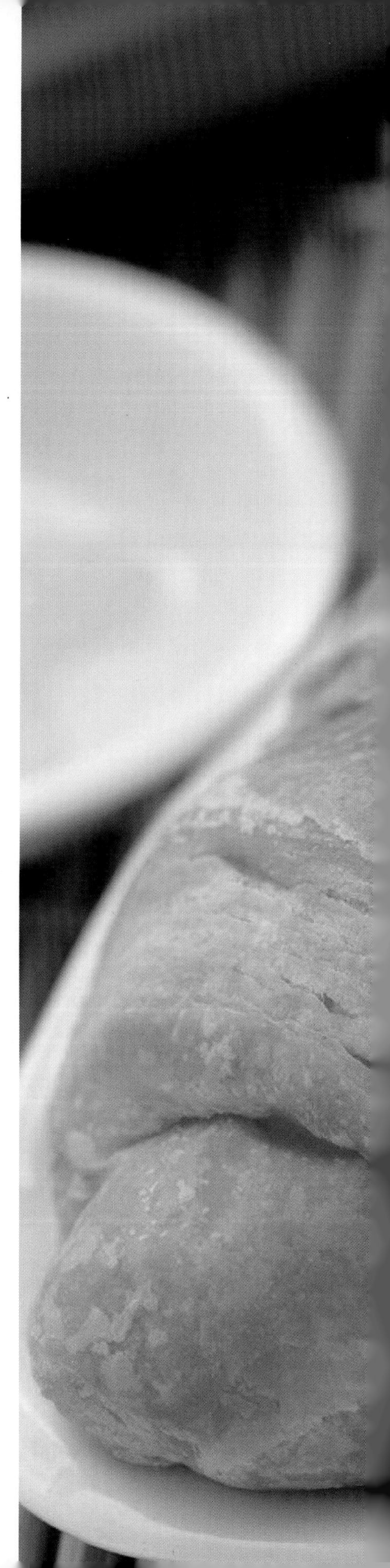

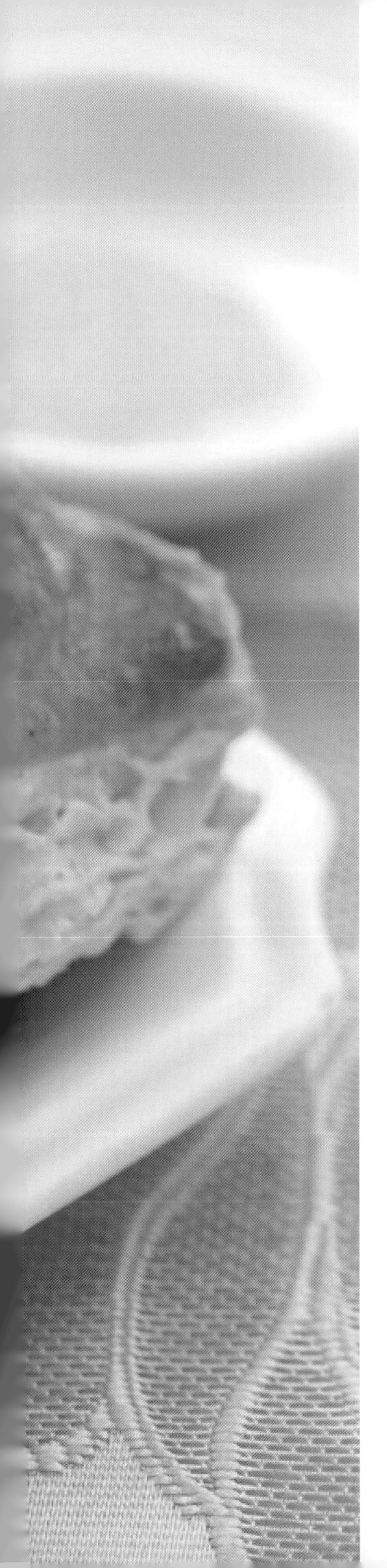

香菇六婆

原料

高筋面粉 250 克，黄油 40 克，盐 1 克，白糖 5 克，酵母 4 克，水 120 毫升，黄油 190 克，奶酪 30 克，面粉、香菇碎、黑芝麻、柠檬汁各适量

时间：发酵 60 分钟，
烘烤 20 分钟

美味创作

1.将40克黄油切丁，与过筛后的面粉、酵母混合，搓至无油颗粒，加白糖和盐，分次加水，揉成团，包保鲜膜，室温静置醒发20分钟。
2.案板上撒薄粉，用擀面杖敲打黄油，整成长方形片状；案板上撒薄粉，将面团擀成长方形。
3.擀好的面片，其宽度应与整型后的黄油的宽度一致，长度是黄油的3倍，把黄油放在面片中间，用面片包住黄油，上下端收紧口。
4.将面片擀长，像叠被子一样叠四折，用保鲜膜包好后放入冰箱冷藏室静置20分钟，再重复两次，冷藏两次各20分钟。
5.香菇奶酪馅制作：香菇碎煮熟后去水，和软化的奶酪和匀，加盐、柠檬汁。
6.取出面团，擀成2厘米厚的面片，再切成四份均匀的方形面片，其中一张方形面片垫底，放入香菇奶酪馅，其他三张面片平铺在馅面上，稍收口，入烤盘发酵60分钟。
7.取出，表面刷鸡蛋液，撒黑芝麻，放入面包机烘烤20分钟，熟透后即可。

小贴士：柠檬汁可去除香菇的草腥味。

芋泥香包

时间：发酵 20 分钟，烘烤 20 分钟

原料

面团：高筋面粉250克，黄油40克，盐1克，白糖5克，酵母4克，水120毫升，黄油190克

芋泥馅：香芋100克，糖粉20克，奶粉50克，奶油50克

美味创作

1.将40克黄油切丁，与过筛后的面粉、酵母混合，搓至无黄油颗粒；加白糖和盐，分次加水，揉成团，包保鲜膜，室温静置醒发20分钟。

2.案板上撒薄粉，用擀面杖敲打黄油，整成长方形片状；案板上撒薄粉，将面团擀成长方形。

3.擀好的面片，其宽度应与整型后的黄油的宽度一致，长度是黄油的3倍，把黄油放在面片中间，用面片包住黄油，上下端收紧口。

4.将面片擀长，像叠被子一样叠四折，用保鲜膜包好后放入冰箱冷藏室静置20分钟，再重复两次。

5.制作芋泥馅：香芋洗净、烤熟、去皮，压成碎泥状，加入糖粉、奶油、奶粉一起搅拌均匀。

6.取出面团，分成每个60克的小面剂，擀平，包入芋泥馅，捏紧收口，卷成橄榄形，码入烤盘中，盖保鲜膜，再发酵20分钟，表面刷鸡蛋液，放入面包机烘烤20分钟即可。

小贴士： 有痰、过敏性体质（荨麻疹、湿疹、哮喘、过敏性鼻炎）者不宜食用香芋。

杂粮餐包

时间：发酵 90 分钟，烘烤 25 分钟

原料

高筋面粉900克，杂粮粉100克，红糖150克，盐20克，奶粉20克，蛋牛奶浆20克，鸡蛋90克，水550毫升，酥油100克，酵母10克，瓜子仁300克，沙拉酱适量

美味创作

1. 把高筋面粉、杂粮粉、红糖、盐、奶粉、蛋牛奶浆、鸡蛋、水、酥油、酵母依次加入面包机内搅拌。
2. 加入瓜子仁，搅拌至九成筋度时转入慢速搅拌，1 分钟后形成面团（面团温度 28℃），醒发 15 分钟。
3. 取出面团，分成每个 30 克的小面剂，压扁展开，将顶端边缘向内折，由上而下慢慢卷入，捏紧收口成橄榄形。
4. 摆入烤盘，放入发酵箱发酵 90 分钟，取出，表面挤上沙拉酱，放入面包机，烘烤 25 分钟，熟透后即可。

小贴士： 杂粮粉是由各种养生的杂粮原材料低温烘焙熟后磨成的粉。

香甜小餐包

时间：发酵 15 分钟，烘烤 15~20 分钟

原料

高筋面粉400克，牛奶100毫升，白糖40克，鸡蛋50克，色拉油20毫升，奶油20克，酵母4克，盐2克

美味创作

1.在面包机里放入高筋面粉、白糖、鸡蛋、色拉油、奶油、酵母、盐，启动“发面”程序，揉面30分钟。
2.加牛奶，再启动“发面”程序，揉面20分钟，静置醒发到2倍大。
3.将面团取出，揉面排气，分成每个60克的小面剂，盖上保鲜膜，松弛15分钟。
4.把小面剂搓圆，放入烤盘，发酵15分钟，至2倍大，取出，放入面包机，烘烤15～20分钟，取出晾凉即可。

小贴士：很多人觉得自己做的面包不像面包店的那样香气扑鼻，这是因为没有放香精之类的添加剂，若面团中加点奶油则可以增加口味。

金牛角

时间：发酵 90 分钟，烘烤 15 分钟

原料

白糖200克，鸡蛋100克，蛋牛奶浆7克，炼乳50克，柠檬色素5克，水500毫升，高筋面粉800克，奶粉25克，酵母8克，酥油100毫升，白芝麻适量

美味创作

1. 将白糖、鸡蛋、蛋牛奶浆、炼乳、柠檬色素、水依次加入面包机机内，慢速搅拌均匀。
2. 加入高筋面粉、奶粉、酵母慢速拌匀，转中速搅拌至面筋展开，加酥油，慢速拌匀后转中速，至面团表面光滑，可拉出薄膜状。
3. 慢速搅拌 1 分钟，令面筋稍作舒缓，面团搅拌完成后温度在 26 ~ 28℃，醒发 15 分钟，分成每个 30 克的小面剂，滚圆后松弛 15 分钟。
4. 把松弛好的面剂取出，擀成三角形状，由上而下卷起，摆入烤盘，放入发酵箱发酵 90 分钟。
5. 取出，表面刷蛋液，撒白芝麻，放入面包机烘烤 15 分钟，熟透即可。

小贴士： 面包在成型过程中要注意保湿，不然容易爆裂。

Chapter 4

吐司面包

香辣牛肉吐司

时间：发酵 75 分钟，烘烤 16 分钟

原料

高筋面粉1250克，白糖100克，改良剂6.5克，奶粉35克，酵母13克，鸡蛋125克，鲜奶100毫升，水600毫升，盐25克，奶油125克，牛肉馅、沙拉酱、红辣椒、青辣椒、番茄汁各适量

美味创作

1.将高筋面粉、盐、改良剂、酵母、奶粉、白糖放入面包机搅拌，慢速拌匀；加鸡蛋、水、鲜奶，慢速拌匀后转中速搅拌至面筋扩展（约4分钟）。

2.加奶油，慢速拌匀后转中速搅拌至可拉出薄膜状，放入面包机，以30℃醒发60分钟，取出，按压排气，搓实，分成每个200克的小面剂，滚圆，盖保鲜膜，松弛20分钟。

3.将松弛完的面剂压扁排气，对折捏紧收口，成橄榄形，排入面包机，温度35℃、湿度80%发酵75分钟，至原体积的3倍左右。

4.将小面剂取出压扁，排出空气，放上牛肉馅，卷起成形入模，再放入面包机，温度36℃、湿度75%略发酵。

5.刷上鸡蛋液，在每个面剂上划2～3个小口，放上红辣椒、青辣椒，挤沙拉酱、番茄汁，烘烤16分钟左右，取出即可。

小贴士：牛肉馅的制作可参照海鲜调理包。

香芋吐司

时间：发酵 115 分钟，烘烤 20 分钟

原料

香芋馅：熟香芋500克，糖粉115克，奶油45克，奶粉、香芋色香油各适量

其他：香酥粒适量

面团：高筋面粉1400克，鸡蛋200克，酵母23克，改良剂8克，水适量

美味创作

熟香芋中加糖粉、奶油、奶粉、香芋色香油，充分搅拌，制成香芋馅。

1. 将高筋面粉、酵母、改良剂放入面包机搅拌，加鸡蛋、水慢速拌匀，再快速搅拌 2 分钟。
2. 以 30℃醒发 2 ~ 3 小时，完成后分成每个 75 克的小面剂，滚圆后放入托盘，盖保鲜膜松弛 15 分钟左右。
3. 将小面剂擀开，排出空气，放入香芋馅，卷起成橄榄形，表面用刀划 4 个小口，排入面包机，温度 38℃、湿度 75% 发酵约 115 分钟，至原体积的 2 倍。
4. 在表面扫鸡蛋液，撒香酥粒，烘烤 20 分钟左右，取出即可。

小贴士：糖尿病患者应少食香芋。

燕麦吉士吐司

时间：发酵 115 分钟，烘烤 25 分钟

原料

面团：高筋面粉1400克，鸡蛋200克，酵母23克，改良剂8克，瓜子仁、水各适量

吉士馅：即溶吉士粉75克，水200毫升

其他：燕麦片适量

美味创作

1.将高筋面粉、酵母、改良剂放入面包机里混合搅拌，加鸡蛋、瓜子仁、水慢速拌匀，再快速搅拌1～2分钟。

2.以30℃醒发2～3小时，完成后分成每个75克的小面剂，滚圆后放入托盘，盖保鲜膜松弛15分钟左右。

3.将小面剂擀开，排出空气，放入吉士馅（即溶吉士粉加水混合而成），包成圆形，粘上燕麦片。

4.放入面包机，温度36℃、湿度85%发酵约115分钟，至原体积的2.5倍左右，烘烤25分钟左右，取出即可。

小贴士：不要烤得颜色过深，这样切片后风味更佳。

牛奶白吐司

时间：发酵 30 分钟，烘烤 35 分钟

原料

高筋面粉1400克，盐12克，蛋白250克，奶粉70克，牛奶900毫升，酵母12克，改良剂4克，白奶油150克，白糖150克，奶香粉适量

美味创作

1. 将高筋面粉、盐、奶粉、酵母、改良剂、白糖、奶香粉放入面包机内，慢速拌匀。
2. 加蛋白、牛奶，先慢后快搅拌至面筋扩展；加白奶油，慢速拌匀后转快速搅拌，至可拉出薄膜状（面团温度 28℃）。
3. 将面团醒发 30 分钟，分成每份 90 克的面剂，滚圆，不用滚得太紧，再盖上保鲜膜松弛 20 分钟。
4. 松弛完成后擀开，由上而下搓成棍形，排成面包的形状，放入面包机，温度 35℃、湿度 75% 发酵 30 分钟，至原体积的 3 倍左右，烘烤约 35 分钟，取出切片即可。

小贴士： 面包烤好后应立即取出。

双色吐司

时间：发酵 115 分钟，烘烤 25 分钟

原料

面团：高筋面粉1400克，鸡蛋200克，酵母23克，改良剂8克，瓜子仁、水各适量

吉士馅：即溶吉士粉75克，水200毫升

其他：燕麦片适量

美味创作

1.将高筋面粉、酵母、改良剂放入面包机里混合搅拌，加鸡蛋、瓜子仁、水慢速拌匀，再快速搅拌1～2分钟。

2.以30℃醒发2～3小时，完成后分成每个75克的小面剂，滚圆后放入托盘，盖保鲜膜松弛15分钟左右。

3.将小面团擀开，排出空气，放入吉士馅（即溶吉士粉加水混合而成），包成圆形，粘上燕麦片。

4.放入面包机，温度36℃、湿度85%发酵约115分钟，至原体积的2.5倍左右，烘烤25分钟左右，取出即可。

小贴士：不要烤得颜色过深，否则切片后会失去风味。

小米吐司

时间：发酵 30 分钟，烘烤 40 分钟

原料

高筋面粉900克，白糖200克，鸡蛋100克，改良剂10克，奶油100克，大豆粉100克，酵母12克，冰水500毫升，小米200克，盐12克

美味创作

1. 将小米蒸熟待用。
2. 将高筋面粉、白糖、改良剂、大豆粉、酵母、盐放入面包机，慢速拌匀，加鸡蛋、冰水，先慢后快搅拌至面筋扩展。
3. 加奶油，慢速拌匀后转中速搅拌，至可拉出薄膜状；加小米，慢速拌匀，盖上保鲜膜醒发 30 分钟。
4. 面团分成每个 120 克的小面剂，滚圆，不用滚得太紧，盖上保鲜膜松弛 20 分钟，擀开，由上而下搓起成棍形。
5. 放入面包机，温度 35℃、湿度 75% 发酵 30 分钟，至原体积的 2.5 倍，烘烤约 40 分钟，取出切片即可。

小贴士： 蒸熟的小米待凉透再用。

菠萝吐司

原料

种面：高筋面粉2500克，鸡蛋250克，酵母30克，水600毫升

其他：蜂蜜、菠萝皮各适量

主面：高筋面粉1300克，白糖600克，盐60克，改良剂20克，奶油600克，乳酪粉25克，水1000毫升

时间：发酵 60 分钟，
烘烤 40 分钟

美味创作

1.将种面的全部材料放入面包机，慢速拌匀后转中速搅拌3分钟，取出，盖上保鲜膜，常温下醒发2小时左右。

2.将面团放入面包机，加主面的白糖、盐、乳酪粉、水，慢速拌匀后转中速搅拌至糊状，加主面的高筋面粉、改良剂，慢速拌匀后转中速搅拌至面筋扩展。

3.加奶油，先慢后快搅拌，至表面光滑，可拉出薄膜状（面团温度28℃），松弛1小时。

4.将面团分成每个180克的小面剂，滚圆，压入菠萝皮中，用左手托住皮，右手拿着面剂边压边转，直至面剂被菠萝皮包住。

5.将面剂排入模具内，常温发酵60分钟至七分满，放入面包机，烘烤约40分钟即可。

小贴士：菠萝皮的制作参照布丁面包。

黑芝麻营养吐司

时间：发酵30分钟，烘烤40分钟

原料

高筋面粉850克，白糖160克，鸡蛋50克，黑芝麻100克，酵母15克，奶油100克，大豆粉150克，冰水530毫升，盐12克，蜂蜜50毫升，改良剂10克

美味创作

1.将高筋面粉、白糖、酵母、大豆粉、盐、改良剂放入面包机内，慢速拌匀，加鸡蛋、冰水、蜂蜜，先慢后快搅拌至面筋扩展。

2.加奶油，用慢速拌匀后转中速搅拌，至可拉出薄膜状；加黑芝麻，慢速拌匀，醒发约30分钟。

3.将面团分成每个120克的小面剂，用手掌压排出气体，卷折成棍状，向两边搓开，滚圆，盖上保鲜膜松弛15分钟。

4.再次滚圆，排入相对应的吐司模具内，放入面包机，温度35℃、湿度75%发酵30分钟，至模具的八分满。

5.烘烤约40分钟，取出后脱模，刷上蜂蜜，切片即可。

小贴士： 黑芝麻用水浸过后沥干水再用。向两边搓开面团时，力度要适中。

金砖吐司

时间：发酵 20 分钟，烘烤 40 分钟

原料

高筋面粉390克，低筋面粉100克，奶粉30克，白糖40克，盐7克，酵母6克，鸡蛋50克，水245毫升，无盐黄油40克，片状黄油230克

美味创作

1. 将除黄油外的材料搅拌至面团光滑，加无盐黄油继续搅拌，至可拉出大片薄膜状，盖湿布静置醒发约 20 分钟。
2. 取出面团擀成长圆形，盖保鲜膜放入冰箱冷藏室 20 分钟；取出，擀成中间厚两边薄的形状，放片状黄油，两侧向中间折叠，盖住黄油，捏紧封口。
3. 用擀面杖轻压表面，擀成长方形，两边向中间对折，然后折叠，盖保鲜膜放入冰箱冷藏室 15 ~ 20 分钟；取出擀长，三折折叠后入冰箱 15 ~ 20 分钟，取出，擀成长方形。
4. 裁掉四周边角，按每刀间距约 1.2 厘米切成三条一个（两刀不断一刀断）共三块（用横板模），间距约 0.9 厘米，三条一块共三块（用竖板模）。
5. 将三条侧面翻过来（切面朝上）后交叉编织，编成辫子状面团，尾部捏紧收口，两头对折捏紧收口整型。
6. 一个模具里放三块，盖保鲜膜，室温发酵 20 分钟，至九分满后盖上盖子，放入面包机烘烤 40 分钟，取出脱模即可。

小贴士：用擀面杖轻压面团，可以测试包含的黄油软硬度，方便面团擀开。

红豆吐司

时间：发酵 90 分钟，烘烤 30 分钟

原料

高筋面粉500克，酵母5克，水225毫升，白糖100克，鸡蛋50克，盐5克，酥油50克，红豆馅适量

美味创作

1.将高筋面粉、白糖、酵母、盐依次加入搅拌机慢速搅拌均匀，加鸡蛋和水慢速拌匀，转中速搅拌至面筋展开。

2.加酥油，慢速拌匀后转中速，至面团表面光滑，可拉出薄膜状，再慢速搅拌1分钟，令面筋稍作舒缓。

3.面团搅拌完成后，温度在26～28℃，松弛15分钟，取出，用手掌压扁，将红豆馅放中间。

4.把馅料包入，捏紧收口成圆形，擀薄成长方形状，用刀在尾端切出线条，翻转将其由上而下卷起，捏紧收口。

5.放入面包机发酵90分钟，烘烤30分钟，熟透后取出即可。

小贴士：红豆馅制作参照绿茶红豆面包。

牛奶吐司

时间：发酵 15 分钟，烘烤 30 分钟

原料

高筋面粉300克，酵母3克，牛奶150毫升，鸡蛋液40克，白糖50克，盐5克，黄油30克

美味创作

1. 将除牛奶和黄油外的所有原料放入面包桶，搅拌 1 分钟，先加一半牛奶，待面粉吸收完，再加另一半，搅拌均匀。
2. 进行完一个“和面”程序，面团基本形成，再次进行一个“和面”程序，轻轻拉开面团，至可以撑出膜来。
3. 放入软化后切成小块的黄油，第三次开启“和面”程序，至面团表面光滑。
4. 将面团整型，放入面包桶内，醒发至 2 倍大，按扁排气，分成两份，松弛 15 分钟，擀成长条形，再卷起，封好口。
5. 放入面包桶内，以 38℃发酵 15 分钟，至吐司模具七八分满，表面刷鸡蛋液，放入面包机，烘烤 30 分钟即可。

小贴士：面团用手抓了之后，手上基本干净，只有少量面粉粘在手上，说明面团湿度适宜。

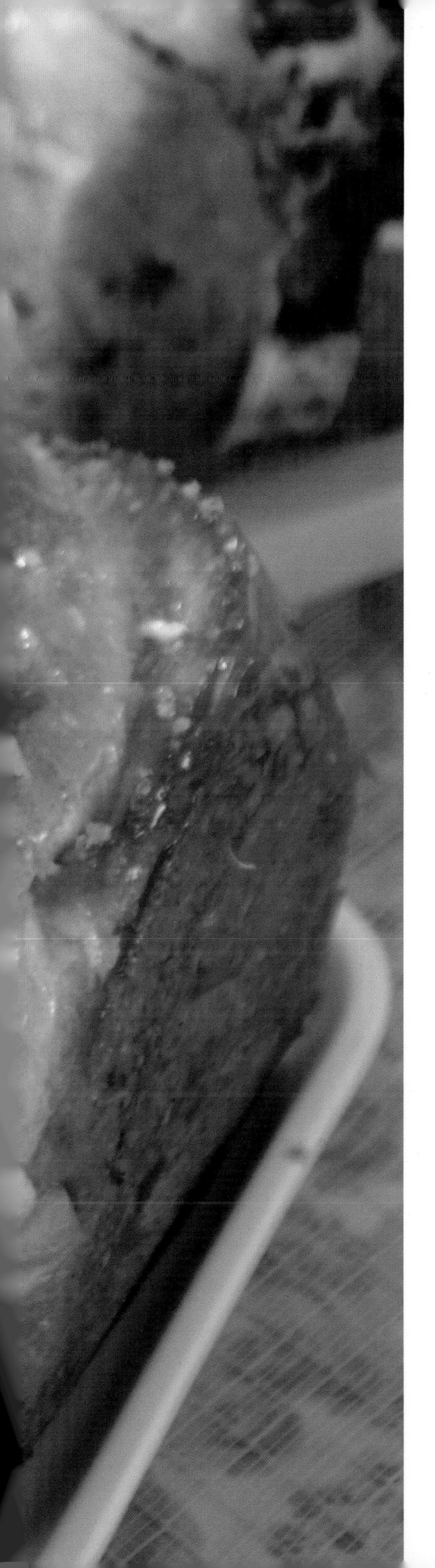

椰皇吐司

原料

椰皇馅：黄油70克，白糖50克，鸡蛋25克，奶粉40克，椰丝70克

面团：高筋面粉270克，鸡蛋25克，水150毫升，白糖40克，盐3克，黄油15克，酵母3克

时间：发酵 15 分钟，
烘烤 38 分钟

美味创作

面包制作：

1.将除黄油外的面团材料都放进打蛋桶里，揉至稍光滑后，加15克黄油，拌匀后，揉成面团，放入保鲜袋，扎好口，放置温暖处醒发至2.5倍大。

椰皇馅制作：

黄油室温软化，加白糖搅匀，加鸡蛋搅匀，加椰丝和奶粉，拌匀。

2.面团取出排气，分成2份，松弛15分钟。

3.将面团擀成比较宽的长舌状，表面抹上椰皇馅，再由上往下卷成圆柱，中间深切一刀（不用切断），两头向中间卷进去（像卷花卷一样）。

4.卷好的面团整齐地排放在吐司模里，常温发酵15分钟至九成满，放入面包机烘烤38分钟。

小贴士：面团放入保鲜袋之前，可在保鲜袋里面涂一点色拉油。

提子方包

时间：发酵 30 分钟，烘烤 30 分钟

原料

高筋面粉200克，奶粉10克，酵母5克，白糖25克，盐5克，鸡蛋液30克，温水100毫升，黄油25克，葡萄干40克

美味创作

1.将酵母用温水化成酵母水，葡萄干洗净，沥水。
2.将高筋面粉、奶粉、白糖、盐混合，加鸡蛋液20克和酵母水，搅拌均匀，和成面团，加软化的黄油，揉至能拉出透明薄膜，加部分葡萄干，继续揉和均匀。
3.将面团放入容器内，盖上保鲜膜，进行醒发，然后取出，分成4份，滚圆后盖上保鲜膜松弛10分钟。
4.松弛后的面剂擀成椭圆形面片，撒葡萄干，从一端向内卷起，卷成一个圆柱形，收口捏紧，向下放入吐司模具中，盖保鲜膜，再发酵30分钟。
5.在面包坯表面刷鸡蛋液，放入面包机，烘烤30分钟，取出，待面包冷却后切片即可。

小贴士： 面包中加入鸡蛋，特别是用鸡蛋液刷面，经烘烤后，易于上色，且表面呈金黄色。

全麦方包

时间：发酵 90 分钟，烘烤 25 分钟

原料

水300毫升，鸡蛋25克，蛋牛奶浆8克，高筋面粉500克，全麦粉100克，酵母5克，红糖25克，猪油25克，盐5克

美味创作

1.把水、鸡蛋、蛋牛奶浆、高筋面粉、全麦粉、酵母依次加入面包机搅拌，再依次加红糖、猪油、盐，搅拌至九成筋度。

2.慢速搅拌1分钟形成面团（温度28℃），松弛15分钟。

3.取出面团，分成每个120克的小面剂，滚圆，醒发15分钟，擀开，由上而下卷入，捏紧收口，分成4份，并排摆入模具内，放入发酵箱内发酵90分钟。

4.放入面包机烘烤25分钟，熟透后取出，切片即可。

小贴士： 100%全麦粉制作的面包，其组织不会如普通面包一般细腻和柔软，所以只能以高筋面粉为主，高筋面粉与全麦粉的比例为5∶1左右。

Chapter 5

挞派酥饼

比利时奶挞

时间：醒发 5 分钟，烘烤 25 分钟

原料

挞皮：奶油200克，糖粉100克，盐2克，鸡蛋60克，低筋面粉380克

馅料：米饭200克，水500毫升，白糖120克，鸡蛋120克，鸡蛋黄30克，鲜奶500毫升，酥油80克，即溶吉士粉80克

美味创作

1.将奶油、糖粉、盐混合拌至奶白色，分次加鸡蛋拌至均匀，加低筋面粉拌透成面团，用保鲜膜包好，醒发5分钟。

2.将醒发好的面团擀开、压薄，用圆形模具压出饼坯，捏入挞模成形，放入面包机烤成浅金黄色。

3.将米饭、水混合加热煮成粥糊状，加白糖拌至糖融化，离开热源，加鸡蛋、鸡蛋黄、鲜奶、酥油、即溶吉士粉拌匀成馅料。

4.将馅料加入已预烤的挞模内，放入面包机，烘烤25分钟左右即可。

小贴士：挞皮可以事先烤至八成熟，也可以跟馅料一起烤制。若先烤可在上面堆放些黄豆、绿豆或耐烤石等东西，防止挞皮鼓起变形。

杏仁鲜奶挞

时间：醒发 10 分钟，烘烤 20 分钟

原料

低筋面粉200克，鸡蛋250克，白糖100克，奶油110克，牛奶500毫升，杏仁粉100克，盐2克，奶粉10克，水40毫升，高筋面粉100克，泡打粉2克，香草粉1茶匙，糖粉170克

美味创作

1.取70克糖粉、奶粉、高筋面粉、100克低筋面粉、过筛泡打粉，加盐、水、60克奶油搅拌均匀，取出，静置醒发约10分钟，成挞皮面团。

2.鸡蛋用打蛋器搅拌均匀，加50克奶油、白糖搅拌均匀，加100克低筋面粉拌匀，倒入牛奶拌匀，加杏仁粉、香草粉拌匀成面糊。

3.挞皮面团擀薄，用圆形印模印出蛋挞皮，放入蛋挞盏中捏好，排入烤盘中，挞皮内倒入七分满的面糊。

4.将挞放入面包机，烘烤20分钟，烤至挞皮呈金黄色，撒上糖粉即可。

小贴士：如果想让蛋挞更加美味，可以在蛋挞水中加少许炼乳。

椰挞

原料

挞皮：低筋面粉130克，高筋面粉15克，黄油100克，白糖20克，鸡蛋15克

馅料：椰蓉25克，白糖20克，低筋面粉8克，吉士粉1.5克，黄油5克，鸡蛋50克，牛奶适量

时间：醒发 30 分钟，烘烤 30 分钟

美味创作

1.取黄油20克与挞皮材料中过筛的低筋面粉、高筋面粉、白糖混合，加鸡蛋，揉搓成均匀光滑的面团，用保鲜膜包好，放入冷藏室醒发30分钟。

2.剩余黄油放在保鲜膜上，切成薄片，包好，擀成厚度均匀的薄片，放入冷藏室。

3.取出面团，擀成长方形面片，把黄油片放在中央，折拢包牢，擀成长方形，由两边向中间对折两次，再顺着折痕擀压，重复3次。每次折叠后要冷藏1小时再擀。

4.将面片再次擀开，擀成0.5厘米厚的面片，沿着长的方向卷成筒状，盖保鲜膜，放入冰箱冷藏15分钟。

5.将面筒取出，切成厚1厘米左右的块，两面粘上面粉，放到挞模底部，用大拇指将其捏成挞模形状。

6.鸡蛋加糖打溶，加其他馅料，拌匀成馅，填入挞皮中，压紧，约八分满，放入面包机，烘烤30分钟左右即可。

小贴士：挞皮需要醒发 30 分钟后再装入馅料，这样可以防止烘烤的时候挞皮回缩。挞模里最好撒点干面粉。

可可蛋挞

原料

油心：牛油300克，猪油500克，面粉400克

馅料：鸡蛋500克，白糖250克，水500毫升，可可粉30克

水皮：面粉500克，鸡蛋50克，白糖50克，猪油25克，水150毫升。

时间：冷藏 15 分钟，
烘烤 10 分钟

美味创作

1.油心制作：面粉开窝，加牛油、猪油，搅拌均匀成为油心。

2.水皮制作：面粉开窝，加糖、鸡蛋、猪油和匀，加水，拌入面粉，搓至纯滑成水皮。

3.酥皮制作：油心和水皮分别用盆装好，放入冰箱冷藏10分钟至结实，取出后擀成“日”字形，把油心叠在水皮上，包住油心，擀薄，对折，放入冰箱中冷藏5分钟至结实，取出再擀开，做成酥皮。

4.馅料制作：糖加水煮成糖水，冷却，加可可粉混合，加打散的鸡蛋白，搅匀，用网格过滤。

5.把酥皮擀薄，用圆形印模印出蛋挞皮，放入蛋挞盏中捏好，排入烤盘中。

6.把馅料倒入挞盏中，约八分满，放入面包机，烘烤10分钟，至九成熟即可。

小贴士：糖水必须完全冷却后才能加可可粉。

日式杏仁挞

时间：静置 5 分钟，烘烤 20 分钟

原料

黄油140克，糖粉80克，鸡蛋100克，低筋面粉260克，奶油蛋糕预拌粉100克，色拉油30毫升，杏仁片、果胶各适量

美味创作

1.将糖粉和面粉分别过筛。将糖粉和黄油混合，用打蛋器打到糖粉溶化，分三次加50克鸡蛋液，每次加入时，待鸡蛋液和黄油成分融合后再加下一次。

2.加过筛的面粉，搅打至黄油和面粉成颗粒状，揉成挞皮面团，以不粘手指为宜，分成每个25克的小面剂，静置5分钟放入模具压平。

3.将奶油蛋糕预拌粉、50克鸡蛋、色拉油、水拌匀成面糊，倒入裱花袋，挤入挞皮内，至八分满，表面撒杏仁片。

4.烤箱预热，将杏仁挞放入面包机，烘烤20分钟，至表面金黄，出烤箱后表面刷透明果胶、撒糖粉装饰即可。

小贴士：捏制挞皮时，应使底部略薄，周围略厚。面糊挤入模具要保持厚薄均匀，且不宜太满。

柠檬派

时间：冷藏 15 分钟，烘烤 35 分钟

原料

派皮：低筋面粉175克，糖粉10克，鸡蛋120克，黄油120克，水45毫升

柠檬馅：白糖120克，玉米粉50克，水300毫升，黄油15克，鸡蛋黄50克，奶香粉1克，柠檬皮、柠檬汁各适量

美味创作

1.派皮制作：黄油切成小块，室温下软化，加过筛的糖粉拌匀，分次加打散的鸡蛋和水，每次加入时搅拌均匀，然后再加下一次。

2.加过筛的低筋面粉，不断揉搓，成顺滑面团，用保鲜膜包好，放入冰箱冷藏15分钟；取出，擀成面皮，铺入派模中，在派皮上扎上气孔。

3.柠檬馅制作：把过筛的白糖和玉米粉混合，加水搅拌均匀，小火加热，煮至透明状，加黄油和鸡蛋黄拌匀，熄火，加奶香粉、柠檬皮、柠檬汁拌匀，倒入派模中，约九分满。

4.鸡蛋清与过筛后的白糖混合，先慢后快打，直至成为乳白色鸡蛋白霜，均匀地覆盖在派面上。

5.放入面包机，烘烤35分钟即可。

小贴士： 打发鸡蛋清时，先把鸡蛋清打至稍稍起泡，再边打边加白糖，最好分三次加，这样才均匀细致。

巧克力香蕉派

时间：烘烤 10 分钟，冷藏 30 分钟

原料

黄油140克，糖粉80克，鸡蛋50克，低筋面粉260克，黑巧克力100克，淡奶油50克，香蕉适量

美味创作

1.将糖粉和面粉分别过筛。将糖粉和黄油混合，用打蛋器打至溶化，分三次加鸡蛋液，每次加入时，待鸡蛋液和黄油成分融合后再加下一次。

2.加过筛的面粉，搅打成颗粒状，揉成面团，用油纸包住，擀成圆形派皮，放入派盘，捏制均匀，用刮板刮去多余边缘。

3.用叉子在底部轻扎几个洞，放入面包机，烘烤10分钟至金黄色。

4.取出派皮，将巧克力熔化后加入淡奶油中，搅拌均匀，涂在派皮底部；香蕉去皮，切块，铺在巧克力上面，再将剩下的巧克力液淋上去。

5.放入冰箱冷藏30分钟，略硬为宜，撒上防潮糖粉装饰即可。

小贴士： 扎洞是为了避免派皮在烘烤时胀气，但不宜太密，用力轻微均匀，以免扎烂派皮。

苹果派

时间：冷藏 15 分钟，烧烤 35 分钟

原料

派皮：低筋面粉350克，糖粉20克，鸡蛋250克，黄油240克，水90毫升

馅料：苹果丁400克，玉米粉8克，水80毫升，白糖15克，肉桂粉5克，柠檬汁10毫升，豆蔻粉5克，黄油10克

其他：鸡蛋黄50克

美味创作

1.派皮制作：黄油切成小块，室温下软化，加过筛糖粉拌匀，分次加打散的鸡蛋和水，每次加入时，搅拌均匀后再加下一次。

2.加过筛的低筋面粉，不断揉搓，成顺滑面团，用保鲜膜包好，放入冰箱冷藏15分钟；取出，分成两份，擀成面皮，其中一份铺入派模中，在派皮上扎上气孔。

3.馅料制作：将黄油和水混合，加热溶解，加过筛的白糖和玉米粉，再加苹果丁，煮成稠状，加过筛的肉桂粉、豆蔻粉以及柠檬汁，拌匀后离火，倒入派模中，至八分满。

4.再将另外一份派皮铺在派挞上，表面修整齐后，刷打散的鸡蛋黄，用细竹签划出花纹，放入面包机，烘烤35分钟即可。

小贴士：苹果丁不要切得过大，要切得均匀，以免影响口感。

核桃酥

时间：静置 20 分钟，烘烤 30 分钟

原料

奶油136克，色拉油15克，小苏打3.5克，盐3克，白糖105克，鸡蛋20克，低筋面粉165克，奶粉20克，核桃碎70克，蛋糕碎50克

美味创作

1.将奶油、色拉油、小苏打、盐、白糖混合拌匀；分次加鸡蛋，搅拌均匀；加低筋面粉、奶粉、核桃碎和蛋糕碎，搅拌成没有粉粒的面团，静置醒发5分钟。

2.将面团揉搓成长方形粗条，切成若干大小均等的剂子，搓圆，泡入鸡蛋液；取出，倒入筛子，沥掉多余的鸡蛋液。

3.烤盘中放耐高温布，放入泡过鸡蛋液的面剂，排好，用手按扁，静置20分钟。

4.排入面包机，烘烤30分钟左右即可。

小贴士：拌入面粉时不能搓揉，以防止生筋渗油；小苏打用蛋浆溶解后使用，可防止成品出现黄斑点。